U0384810

结构细节设计成就建筑之美

王 丁 著

中国建筑工业出版社

图书在版编目（CIP）数据

结构细节设计成就建筑之美/王丁著. —北京:中国
建筑工业出版社,2017.7
ISBN 978-7-112-21021-3

Ⅰ.①结⋯ Ⅱ.①王⋯ Ⅲ.①结构设计
Ⅳ.①TU318

中国版本图书馆 CIP 数据核字(2017)第 167642 号

　　本书内容是作者从多年结构设计工作中总结的经验和教训,以工程实例分析讲解为满足建筑功能、造型要求时,结构设计不应该停留在影响建筑功能、破坏建筑效果的阶段上,而应该提高一步,通过研究结构细节设计,比选各种应对策略,优化结构设计,以满足建筑功能要求并成就建筑之美。本书共分 5 章:追求精细的结构设计、地下车库连续停车概念的设计及工程实例分析、超长建筑的结构设计及工程实例分析、山地建筑的结构设计及工程实例分析、建筑设计中的结构优化设计。本书适合从事建筑、结构设计的工程师参考使用,也可供相关专业学生参考。

责任编辑:王　梅　武晓涛
责任设计:李志立
责任校对:王　瑞

结构细节设计成就建筑之美
王　丁　著

*

中国建筑工业出版社出版、发行(北京海淀三里河路 9 号)
各地新华书店、建筑书店经销
霸州市顺浩图文科技发展有限公司制版
北京同文印刷有限责任公司印刷

*

开本:787×1092 毫米　1/16　印张:11　字数:270 千字
2018 年 6 月第一版　　2018 年 6 月第一次印刷
定价:**35.00** 元
ISBN 978-7-112-21021-3
(30674)

前　　言

　　时光荏苒，日月如梭，一不留神，从事建筑结构设计工作已经二十多年了。在忙忙碌碌中蓦然回首，看到参加并完成了林林总总、大大小小的民用建筑结构设计数十个工程，其中有欣慰、有感慨、同时也留有遗憾，在遗憾的同时会有一些思考和总结。有幸承蒙王梅学长的抬爱和认可，使我鼓足了勇气，将平时从事结构设计工作中积累的设计资料和总结作为大纲和蓝本写出了此书，把一些结构设计中遇到问题的思考和总结写出来，和广大设计同行交流和探讨，目的是抛砖引玉，如果能使得其他设计同仁从中得到一点点启发，少走弯路，少留遗憾，那就很欣慰了。由于本人水平有限，完成时间仓促，穿插于紧张的设计工作中完成了此书，难免会有考虑不周和不完善的地方，惶恐其中会有不少的谬误。

　　本书书名"结构细节设计成就建筑之美"，是受中国建筑工业出版社王梅、武晓涛启发而来，试图站在结构设计的角度，从结构细节设计的层面做起，为整体建筑的优美和完美做出贡献。书中从几个具体的方面为结构细节设计提供解决方案，试图在功能上和建筑造型上成就更美的建筑。

　　本书共分5章：第1章追求精细的结构设计、第2章地下车库连续停车概念的设计及工程实例分析、第3章超长建筑的结构设计及工程实例分析、第4章山地建筑的结构设计及工程实例分析、第5章建筑设计中的结构优化设计。

　　第1章追求精细的结构设计，这章内容源于回过头再来看之前的设计时，往往会有"遗憾"和"后悔"的情结，往往会想：如果当初多想想，是不是会有更好的解决方案？在保证结构安全的前提下，是不是可以把结构设计做得更精细一些、更合理一些、更完美一些？如果说"建筑是个遗憾的艺术"，那么结构设计同样也会是个"遗憾的"设计，完成的每一个结构设计，都可能带来遗憾和不足，都会有改进的空间。正是对之前设计发现不足和不满意，才会促使我们不断改进，向着更加精细和完美努力。

　　第2章地下车库连续停车概念的设计及工程实例分析，这章内容独特，是综合建筑专业和结构专业的内容，国内很少有涉及该内容的研究和文章。通常的设计中车位的研究和柱网的选择属于建筑专业的范畴，车位和柱网的关系非常密切，而柱网的成立与否又得依靠结构工程师根据结构受力性能的要求进行估算。在建筑方案设计中鲜有建筑师突破传统的柱间停车的设计理念，在地下停车场内采用更加节省土地的连续停车的方式。本章内容提出连续停车的概念，从结构工程师的角度研究地下停车库车位和柱网的关系，试图换一个角度，提供另一种思考和做一个不同的尝试，希望能起到抛砖引玉的作用。这个小小的改进和尝试如果能推动地下停车库的设计改进，进而提高停车效率，实现土地资源的节省，那将是莫大的欣慰了。北京大兴荟聚购物中心工程设计中成功采用了地下车库连续停车的概念，实现停车数较大提升，获得"吉尼斯世界纪录"全球最大地下停车库。

　　第3章超长建筑的结构设计及工程实例分析，这章内容源于现在大量超长建筑的出现，建筑设计要求越来越高，使得结构设计为了满足建筑功能和立面要求，对于超过结构规范要求长度不设结构缝的建筑需要有相应的结构应对措施。这些措施都是在现有的工程中得到应用的,有些也是在探索阶段,并不是完善的解决方案,每个解决方案都或多或少的有其局限性。工程中采用这些措施需要不断地总结和提高,前人的经验都会指导后人少走弯路。

第4章山地建筑的结构设计及工程实例分析,这章内容源于不同于常规的平地结构设计的山地设计的解决方案。山地建筑的结构设计与平地建筑的结构设计的核心不同点在于,山地建筑的结构设计无不密切地和建筑方案及场地岩土条件相关,山地地形地势和持力层非常重要地影响着建筑方案的确定。

第5章建筑设计中的结构优化设计,这章内容源于越来越多的业主有"结构优化设计"要求,有的甚至写在设计合同里,明确写着"需进行结构优化设计"。是不是可以进行"结构优化设计"呢?可以这么说:离开了整个项目综合设计的优化设计理念,仅仅单独提出"结构优化设计",是个伪概念,无法真正意义上实现结构优化设计。要想做到"结构优化设计",一定是在整个项目层面上进行全专业、全过程、全方位的优化设计,这时才能实现真正意义上的结构优化设计。

本书提及的工程,除注明外均为本人担任结构专业负责人参与设计的工程。

书中较大篇幅提及了3个近年完成的工程:北京大兴荟聚购物中心(已竣工)、中国·红岛国际会议展览中心(在建)、北京门头沟山地项目(在建),采用了这3个工程中在方案阶段、初设阶段以及施工图阶段的一些设计图纸内容,在此对设计团队的同仁们表示深深的感谢,尤其感谢结构设计团队同事们,有一些设计方案是经过反复比选、集思广益在大家的共同努力下完成的,每个项目都包含着团队每个人的辛勤付出。

在此向我的母校同济大学致敬,向我的恩师们致敬!感恩母校,母校是我从事建筑结构设计工作的出发点。

同时也致敬中国建筑科学研究院,一个我从同济大学硕士研究生毕业至今一直工作的单位。感谢中国建筑科学研究院建筑设计院的各位领导以及建筑、结构、给排水、暖通、电气各专业各位同仁对我工作的大力配合和支持,内心一直怀有深深的敬意和感激之情。

最后也感谢我的家人对我无条件的支持,你们一直是我力量的源泉和前行动力,感恩有你们。

由于本人水平有限,时间仓促,书中一定会有谬误,欢迎批评指正,作者联系邮箱:wangding@cabr-design.com,2403591086@qq.com。

王 丁

2017.06.15

书中例举的三个项目结构设计团队

北京大兴荟聚购物中心工程结构设计团队：

设计单位：中国建筑科学研究院　英国 BDP 建筑事务所

结构专业负责人：王丁、诸火生

审定人：杨金明

校审人：王丁、诸火生

设计人：张利梅、李金钢、汤荣伟、詹永勤、张格明、林猛、任建伟、邢悦贤、方渭秦

中国·红岛国际会议展览中心工程结构设计团队：

设计单位：中国建筑科学研究院　GMP 建筑师事务所　SBP 结构事务所

结构专业负责人：王丁

审定人：杨金明

校审人：王丁

子项负责及设计人：王利民、赵鹏飞、林猛、凌沛春、陈楠、贺程、刘赞、骆盼玉、张栋栋

北京门头沟山地项目结构设计团队：

设计单位：中国建筑科学研究院

结构专业负责人：王丁、赵彦革

审定人：杨金明

校审人：王丁

子项负责及设计人：郝卫清、方伟、林猛、凌沛春、王利民、任建伟、夏荣茂

目　　录

第1章 追求精细的结构设计

大家都知道结构设计在建筑设计中是个举足轻重的专业，有多么重要，已经不用强调了，以至于现在设计院的建筑师都会用"结构不同意"把业主说服了，可见，结构设计的重要性和权威性，已经被广泛接受了。

那么，在设计中，那些"建筑同意"了的结构设计，对建筑的美观和功能有没有打折呢？一些常用的做法真的就是合理的吗？还有没有改进的空间？一些对结构概念的坚持，而对建筑美观或建筑功能的破坏，是否真的有必要？结构工程师是否能在追求精细的结构设计中走得更远？结构工程师和建筑师都可以再思考一下，是否可以摒弃一些习惯设计方式，落实到每一个设计细节，也可以尝试着用工匠精神，为设计出更加安全、实用、合理、美观的建筑做出努力。

第1节 结构设计可以做得更多

举一个在日常生活中常见的例子，建筑散水，它是外墙勒脚垂直交接倾斜的室外地面部分，用以排除雨水，保护墙基免受雨水侵蚀。这是一个建筑构造，在建筑设计图里属于建筑构造大样图。通常建筑外墙是有结构基础的，而散水下是无结构基础的，直接设置在回填土上。如果大家注意一下周围的建筑物就会发现，占有很大比例的建筑散水都是开裂的，原因是什么？是因为房屋发生了沉降，把散水拉裂了；或是由于建筑散水下的回填土回填得质量不好，经过雨水的浸泡和冲刷，散水下面的土体产生了空洞，时间长了，散水就塌下去了。建筑散水是有构造措施的，建筑构造中为防止房屋沉降后，散水与勒脚结合处出现裂缝，采取了设缝，用弹性材料进行柔性连接（图1.1.1）。

那为什么还有那么多建筑的散水开裂了呢？起码说明一点：这个构造可靠性并不好。如果建筑物坐落在软土地基上——意味着主体建筑沉降在施工完成时尚未完成；工期比较紧——意味着场地散水下回填土质量可能难以保证，在这样的情况下，施工完成后散水就很可能会开裂破坏。越是长度长的建筑，施工完成后发生散水开裂和破坏的情况就越突出。

散水开裂了，造成了建筑外观的破坏和不美观，按理来说不关乎安全，也不是结构工程

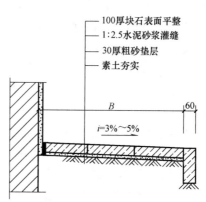

100厚块石表面平整
1:2.5水泥砂浆灌缝
30厚粗砂垫层
素土夯实

B 60

$i=3\%\sim5\%$

图1.1.1 散水构造示意图

师的职责范围，只是让建筑不那么完好了。如果这个建筑物是坐落在软土地基上的，建筑物的沉降是随着时间的推移慢慢发生的，主体结构施工完成，建筑物的沉降或许才完成

50％～70％，这时候将建筑散水和主体结构连起来，建筑散水被拉坏是迟早会发生的事情。在建筑散水和主体结构间设缝，将建筑散水用弹性材料与主体结构进行柔性连接的做法也无济于事，因为主体结构和散水之间的总沉降差已远高于弹性材料的弹性范围了。一旦散水破坏，增大了建筑物外墙墙身与基础受水浸泡的可能，使得散水不能很好地保护墙身和基础，增大了地下室渗水的风险。

这是构造设计问题，靠提高施工质量也弥补不了这个缺陷。按照目前的设计要求，散水设计图是建筑图，但这个问题的根源是结构构造问题，建筑构造图无法从根本上解决问题。对这个问题有解决办法吗？从目前的效果看来现有的设计不是那么有效，使用上的基本思路是隔一段时间把旧的散水敲掉，再重新做一次，或者修修补补一下，没有从根本上解决这个问题。

这种问题是长年累月发生着，新建建筑或早或晚，有很大一部分都会产生建筑散水开裂的问题。不仅会造成建筑外观的不美观，而且因为雨水浸泡了房屋基础或地下室，使得地下室漏水风险增大，客观上可能会造成较大的浪费。

在我们感叹某些产品细节设计的人性化以及工匠精神时，我们作为建筑物这个产品的设计者，是不是也可以用工匠精神反思一下，我们自己参与的建筑设计在使建筑更美好中是否可以做得更好？如何能让我们设计的产品也是经久耐用的？面对建筑专业未解决的构造问题，结构工程师是不是可以不袖手旁观，参与拿出解决办法呢？

接下来的问题是，结构工程师能解决这个问题吗？这个建筑散水的问题，按照结构专业的理解，无外乎是需要解决两个问题：一个是解决沉降差的问题，如果建筑物和室外地面之间没有沉降差了，散水自然就不会被拉裂了；另一个是解决回填土下陷问题，如果将建筑散水的构造与主体结构相连，使建筑散水和回填土隔开，这时，建筑散水可以随着主体结构变形，自然就不会有沉降差的问题了，也就不开裂了。这两种思路都可以解决这个问题。

解决建筑物的沉降问题，对结构工程师来说是个非常熟悉的问题，也是我们在每一个工程中都会考虑和主动解决的问题，方法很多。想一想我们解决过的那些复杂的建筑物沉降问题，与之相比，这建筑散水问题应属较为简单。超高层建筑都能控制好沉降，相比之下，解决这个建筑构造问题不存在技术难度。

处理方法之一可以将建筑散水和主体结构相连接，就好比在地面标高上设置了一个类似于阳台板的结构构件，然后在这个板上做找坡和建筑做法，而在这个板下设置柔性材料，当建筑物产生沉降的时候，板下也不受力，在受力上使建筑散水和主体结构连为一体，避免了差异沉降。这样，即使回填土质量再差，建筑散水也不会开裂了，就可以有效地保护地下室墙体不受雨水的浸泡，保护了基础或地下室外墙，降低了地下室漏水的风险。

唯一要做的是如何打破设计界限，结构工程师多做一些"不该做的、分外的"、貌似属于建筑师的工作，将传统意义上的建筑构造用结构概念加以改良和完善。建筑师对于常会出现问题的构造多和结构工程师探讨探讨，看看除了建筑构造之外，是不是还可以同时考虑结构构造加以改进。结构工程师和建筑师一起，把实现建筑效果的可靠和美观，不仅仅停留在概念上，而是踏踏实实地落在实处，让号称"百年大计"的建筑，真正能一直完好地存在，而不是制造出一些"新的破房子"。

和建筑散水问题类似，建筑物室外门廊的地面，通常也存在类似的问题。建筑物外墙

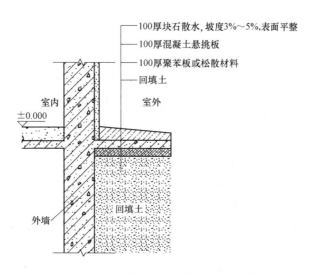

100厚块石散水, 坡度3%~5%, 表面平整
100厚混凝土悬挑板
100厚聚苯板或松散材料
回填土

室内　　室外
±0.000

外墙

回填土

图 1.1.2　用结构方法改良建筑散水构造

内是有结构基础的，建筑物外墙外的门廊地面坐落在回填土上，属于建筑地面。当建筑物产生了沉降，或门廊下回填土塌陷，就会造成门廊地面的不均匀变形。通常会看到在门廊地面装修面砖上带有裂缝，非常不美观，有些高档公寓或酒店的门廊也不能幸免，地砖裂缝非常明显，和周边高档装修非常不协调。通常，这个门廊地面面砖开裂的主要原因就是门廊地面下土体下陷造成的。

　　建筑师和结构工程师都做了分内的事，还是避免不了产生这样的建筑缺陷，原因在哪里？这是个跨专业的事，相对于建筑师，结构工程师更有能力解决这个问题。同时需要做的是改变思想，把"这是建筑专业的事，不关结构专业的事"的思想转变为"主动找事"，"全专业一盘棋"的思想，用互相"补台"的精神在细致设计中成就完美的建筑。

　　类似问题还有许多，开车的朋友也许会有体验，不少地下车库出地面的坡道，一出地面就有一个缓坑，会有忽悠一下的感觉（图 1.1.3），通常会以为是不习惯从向上的坡转变到水平所带来的感觉，并没有意识到往往是因为室外地面有下陷造成的。

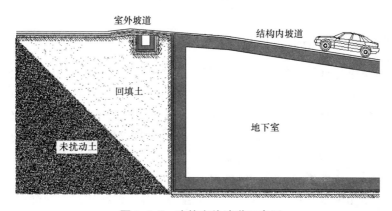

室外坡道　　　　　　　　结构内坡道

回填土

未扰动土　　　　　　　　地下室

图 1.1.3　建筑室外坡道示意图

　　这个地面下陷是这么产生的：地下车库在地下是在结构内的，出了地面就到了结构外墙外了，而结构外墙外的地面通常就是在地下室基坑开挖放坡后的回填土区域上，如果地

下室很深，则这个回填土区域就会很深，有时达到十几米深的回填土。以目前的施工管理现状，施工很难做到几米或十几米深的回填土很好地分层碾压夯实。建筑坡道地面下按建筑设计图的要求，做了建筑地面，可由于建筑地面下几米或十几米深的回填土没有很好地处理到位，即便建筑地面下 30～50cm 深范围的地面严格按要求做好了，也不能避免室外坡道地面随着室外雨水的浸泡和在车辆的碾压下形成缓坑。

按现有的设计分工，结构设计仅表示结构内的构件，出了建筑物的建筑地面归建筑设计表示，而建筑设计中仅按常规表示了地面做法，并没有意识到这里还包含着回填土的地基处理问题。这种专业的交叉往往容易被忽视并产生问题。建筑师意识不到这里有地面沉降的问题，而结构工程师通常会觉得没有建筑的地方也不会有结构问题，地面构造理所应当归建筑专业管，也会忽视这个建筑地面处于回填土区域的问题。带来的结果就是室外坡道地面很快就被车辆碾压坏了，需要频繁地修补处理。这就是我们所经常看见的"新的破地面"。

因此，结构工程师多些关注建筑构造，做到勤于思考，从力学受力原理上分析建筑构造，主动对这些建筑构造从结构的角度进行分析和设计，就会避免这些问题的产生，避免设计出来的建筑不耐用、不美观，避免不必要的浪费，让新的建筑不需要时常修补。

第 2 节　结构设计可以做得更美

通常设计中，结构布置都是按结构需要和受力要求布置，除非有建筑的特殊要求，往往不会考虑结构的美观。结构工程师的首要任务是保证结构的安全。一直以来，结构工程师都认为有关美观的要求是建筑专业的事，如果建筑专业没有提出具体要求，结构专业不会在设计中主动考虑建筑美观问题。

随着人民生活水平的不断提高，人们对美的欣赏水平和要求也越来越高，人们慢慢认识到，美是无所不在的，是个全方位的存在，不仅仅存在于建筑设计中，也存在于结构设计中。在建筑设计中体现的就是每个专业都有建筑美的表现，每个专业的专业美也会反过来表现出建筑的整体美。结构专业也不例外，结构设计无时不在创造着、表现着建筑美，结构美是建筑美不可缺失的重要的一部分。

1. 柱子真的要大大小小的布置吗？

结构设计根据整体计算、轴压比确定了柱子的断面通常都会考虑施工的便捷，让每一层的柱子采用同样的混凝土强度等级，这样的结构就是，由于计算要求的不同，有的柱子截面大一点，有的柱子截面小一点，提给建筑专业的就是同一楼层内有大有小的柱子平面。这样设计的结构是经济合理的，没有造成结构浪费，混凝土用量和钢筋用量均为结构设计的经济用量，这是常规结构设计的做法。

但这样的设计，未能考虑建筑美观的要求，产生的结果是柱子有大有小、柱外皮不在一条线上，从建筑角度来看很不美观。如果工程要求高，最终建筑专业会把大大小小的柱子都外包装饰材料成一样大的柱子，那些被结构工程师减小的柱子断面又被建筑师包起来了，平面面积也没有得到利用，造成了不少空间的浪费。

能不能跳出常规设计思路，换一种思维方式，与其之后都包成一样大的柱子，那不妨结构专业一开始就采用相同的柱子断面呢？这样做的好处是建筑专业方便进行各种的对齐、居中，平面非常好布置，不会出现砌筑隔墙从一边柱边对齐不到另一个柱边的问题，避免了许多的转角处理，使建筑平面更好使用，更加节约面积，进而节约建筑材料，从整体来说是节约了建筑成本和土地资源。

结构设计中需要做的是按柱子断面确定混凝土的强度等级，这样做的好处是建筑平面统一，施工上模板便捷统一，节约模板成本。稍不方便的是同一层柱子或许会有不同的混凝土强度等级，或许会有几种混凝土强度等级的柱子，这不同于现在通常的设计习惯。

统一柱断面，看上去是个很小的设计问题，但由于长期的设计习惯，结构工程师按结构需求提供柱子断面，而且以能控制柱子断面作为衡量设计水平的标志，很少换位思考这样的设计是不是建筑效果所需要的。总能听到建筑师抱怨为什么柱子总是个个不一样大，隔墙布置时总要转弯才能对齐，或者总会出许多线角，需要更多的装饰才能把这些线角掩盖起来。这样看来，结构专业为了追求本专业用钢量节省的合理设计，换一个角度，从建筑专业的角度看，则是不合理的，需要用更多的非结构材料，如装修材料来装饰起来，以达到整体建筑效果的美观。结构专业节省钢筋、节省混凝土的经济设计，从项目整体看，或许会带来需要更多的装饰材料、更多的人工来弥补，是不是也不是经济的设计方式，或许是浪费呢？

施工不方便的问题可以通过加强管理来解决。在商品混凝土普遍使用的今天，同层柱子采用不同强度等级的混凝土，从施工角度来说，不是什么难事。况且，施工是否便捷只是一个暂时的因素，而建筑物的美观和功能好用以及对土地资源的节约利用是伴随建筑物终身的品质，应该更加重视才对。

2. 梁高不够怎么办?

通常在建筑设计中，结构工程师都会根据建筑物的跨度预估梁高，再通过计算，逐步从大到小地试算预估梁高，最终在经济梁高范围内使梁截面满足结构设计要求，以此确定梁高。建筑师会以此结构提供的梁高作为层高的计算基准，再加上建筑地面面层高度、要求建筑净高、吊顶厚度、设备管道预留高度等，计算出要求的层高。

在这一过程中非常普遍地会出现这种情况：在建筑层高已确定无法修改的情况下，由于条件的变化，如建筑功能的改变，荷载增加了，原有梁高不能满足设计要求了，而建筑层高构成的建筑面层高度、建筑要求净高、吊顶厚度、设备管道高度等均没有减小的可能。

还会发生的情况是，在建筑层高已确定不能修改的情况下，虽然建筑地面面层高度、建筑吊顶厚度、设备管道预留高度没有发生变化，但由于建筑净高的要求提高了，或者说建筑净高的提高需要通过压缩一部分梁高和压缩一部分设备管道高度来实现。

另外还会有这样的情况：由于建筑功能的需要，增加了机电系统，造成预留的设备管道高度不够了。而在这时，建筑地面面层高度、建筑吊顶厚度、建筑净高的要求均不能改变，只能通过降低部分梁高来实现。

这时候需要在现有梁高情况下，或降低梁高情况下，挖掘结构梁高的潜力，通过不增加梁高或减小梁高的措施来满足建筑设计要求。这时，结构设计可以采取以下应对措施。

（1）可以增加梁宽

普通矩形截面梁的高宽比一般不宜大于4，当梁宽大于梁高时，梁就称为宽扁梁。

在现有结构设计的普通矩形截面梁基础上，通过增加梁宽满足建筑功能的改变和结构计算需要，是较简单并且对其他专业影响最小的方式。这时可以保持原有梁的高度不变，仅在此基础上增加梁的宽度；或是在原有梁高基础上减小梁的高度，同时增加梁的宽度。试算一下，需要增加到多宽才能满足结构设计要求。梁宽度的增加可以考虑将梁不局限于仅布置在柱宽范围，也可以将梁布置在柱子范围外面，使梁的宽度比柱子宽，形成宽扁梁（图1.2.1）。

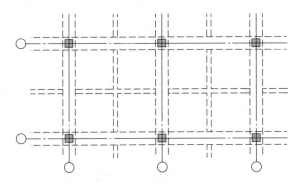

图1.2.1 宽扁梁示意图

框架宽扁梁的外形特点是宽扁梁的宽度通常超过柱子横截面宽度，在结构上来说并不经济。采用相同断面积，宽扁梁比普通矩形截面梁惯性矩小，承载力低且挠度大，但可以节省空间，一般配筋量也会稍多些。

但这并不表明使用了宽扁梁，就可以通过无限制的加宽梁宽来实现控制梁高，宽扁梁的宽度和高度都是有要求的。《建筑抗震设计规范》对梁宽大于柱宽的扁梁有如下规定：采用扁梁的楼、屋盖应现浇，梁中线宜与柱中线重合，扁梁应双向布置，且扁梁不宜用于一级框架结构。扁梁的截面尺寸应符合下列要求，并应满足现行有关规范对挠度和裂缝宽度的规定：

$$b_b \leqslant 2b_c$$
$$b_b \leqslant b_c + h_b$$
$$h_b \geqslant 16d$$

式中 b_c——柱截面宽度，圆形截面取柱直径的0.8倍；

b_b、h_b——分别为梁截面宽度和高度；

d——柱纵筋直径。

在采用了宽扁梁作为宽扁梁框架结构时，宽扁梁框架节点区的所有力平衡是节点区设计的关键，节点外核心区抗扭是宽扁梁节点设计的核心所在。宽扁梁框架节点设计时应注意采用以下构造措施：

1）宽扁梁框架节点核心区应配置水平抗剪箍筋

宽扁梁框架节点核心区水平抗剪箍筋除在内核心区柱内按现行《混凝土结构设计规范》要求设置外，还应在外核心区周边设置。

宽扁梁框架节点核心区水平抗剪箍筋配置对于双向宽扁梁节点，可利用宽扁梁腰筋双向贯通构成；对于单向宽扁梁节点，可利用宽扁梁腰筋单向贯通附加另向水平拉结筋构成。

2）宽扁梁框架节点外核心区应配置抗扭纵筋

宽扁梁框架双向宽扁梁梁高相等时，宜按计算要求增加框架梁纵向钢筋；宽扁梁框架双向宽扁梁梁高不等时，可在矮宽扁梁方向外核心区底部加设朝上开口箍筋构成底部抗扭纵筋；宽扁梁框架单向宽扁梁时，可通过设置节点核心区附加封闭箍筋构成，形式上相当于宽扁梁箍筋延伸进节点核心区。

3）宽扁梁框架节点外核心区周边应配置抗扭封闭箍筋

按计算要求通过附加宽扁梁框架外核心区角部垂直拉筋与节点外核心区宽扁梁纵向钢筋焊接或搭接构成。

4）宽扁梁框架节点外核心区应配置垂直抗剪箍筋

宽扁梁框架节点外核心区内部还应设置垂直抗剪拉筋作抗剪箍筋，勾住进入外核心区的宽扁梁纵向钢筋并与之绑扎。

结构设计中采用增加梁宽度的办法，是结构设计中不得已而为之的方案，并不是结构工程师首选的结构方案，其缺点是在增加梁宽度的同时，也增加了结构的自重，使结构受力性能提高的效率降低。一般在结构设计中仅对于梁截面相差较小时，使用增加梁宽度的方法。

在结构设计中，如果整个体系各楼层各部位大面积构件从普通正常梁高框架改为使用宽扁梁框架，会使楼层的结构自重增加比较显著。对于高层建筑来说，如果每层楼板自重荷载增加较大，则会对剪力墙、柱等竖向构件和基础的设计产生较大影响，会造成剪力墙、柱等竖向构件截面或配筋的增加，同时也可能带来基础底板或桩基设计中用量的增加。

所以说，在满足建筑功能需要的设计中，增加梁的宽度采用宽扁梁框架结构看上去简单，但对结构设计来说，首先宽扁梁框架不是抗震有利的体系，其次，宽扁梁框架是个从梁、剪力墙、柱以及基础都需要核算和整体考虑的问题，尤其不能忽视的还有宽扁梁框架的节点设计问题一定要重视，关乎保证结构的整体节点设计的安全。从结构专业单专业经济性来说，宽扁梁框架结构体系会比普通框架结构体系的钢筋和混凝土用量增加。

（2）可以竖向加腋

梁竖向加腋是指在框架结构梁柱节点处梁构件截面加大的构造，梁竖向加腋又叫梁的支托。加腋是有一个合理尺寸的，在这个合理的尺寸范围内，就会产生好的空间拱效应，即有好的受力性能。一般来说，支托坡度取 1∶3，高度小于等于 0.4 倍的梁高时，空间拱效应比较大，即此时的受力性能比较好（图 1.2.2）。

通常当框架结构的跨度较大时，荷载不利组合效应会较大，使得按照常规的框架结构，跨中挠度太大，梁端弯矩过大，会造成梁端的钢筋配筋过大，不方便钢筋施工，甚至会出现梁端超筋的现象，为此，需要采取加大梁截面的情况，这种情况下，梁取同一截面高度就不太合理，选择框架梁竖向加腋，增大梁端抗剪能力和抗弯刚度，减小跨中弯矩和挠度，降低支座的纵向钢筋密度，还能降低工程造价。当在结构跨度大、层高限定的情况下，采用竖向加腋可以大大改善梁受力机理和变形，并且增大了建筑在跨中区域楼层的净高，为跨中区域提供了更多的使用空间（图 1.2.3）。

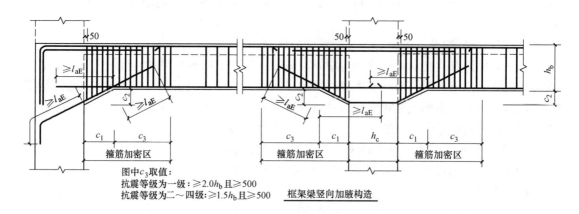

图中 c_3 取值：
抗震等级为一级：≥$2.0h_b$ 且≥500
抗震等级为二～四级：≥$1.5h_b$ 且≥500

框架梁竖向加腋构造

图 1.2.2　构造图集中的框架梁竖向加腋示意

通过梁根部的竖向加腋，解决结构设计中梁根部抗剪截面不够的问题并提高梁根部的抗弯刚度，在计算中可以将竖向加腋的梁截面计入结构计算的梁截面的高度中，配筋计算时应根据实际截面计算。梁竖向加腋截面形式可以是变截面的，也可以是等截面的，可以根据建筑外观要求进行选择。

梁根部竖向加腋的好处是梁高仅在跨度根部有所增加，而且增加的长度和高度可控，只影响梁高根部局部区域的空间，不会影响其他区域的设计和正常使用。缺点是如果没有吊顶的情况下，梁根部的加腋会可见，影响建筑外观。同时，也会限制梁根部设备管线的布置，使设备管线只能尽量布置在跨中区域。

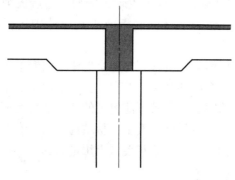

图 1.2.3　梁竖向加腋示意图

这时，对于大跨度框架结构设计，由于梁高度较大，尤其梁端加腋部分，要考虑对实际柱子高度的影响，尽量避免出现短柱，剪跨比不满足，防止发生剪切破坏。此外，框架梁竖向加腋可以使梁端塑性铰转移，提高框架的抗震性能。

（3）可以采用预应力混凝土结构

对于钢筋混凝土结构，当梁高度无法满足要求时，采用预应力混凝土结构也是一个解决方式。

预应力混凝土与普通钢筋混凝土相比，有以下特点：

1）提高了构件的抗裂能力。普通钢筋混凝土构件中不存在预压应力，故一旦作用外荷载便随即在受拉区产生拉应力。混凝土抗裂能力很低，其开裂荷载的大小仅由混凝土的极限抗拉强度所决定。但对于预应力混凝土构件来说，由于在承受外荷载之前，构件的受拉区已有预压应力存在，所以在外荷载作用下，只有当混凝土的预压应力被全部抵消后，才能从受压转为受拉且当拉应变超过混凝土的极限拉应变时，构件才会开裂。因此可以说，预压应力的存在，推迟了构件的开裂，也即提高了构件的抗裂能力。抗裂能力提高的程度与预压应力的大小有关。

2）增大了构件的刚度。因为预应力混凝土构件正常使用时，在荷载效应标准组合下可能不开裂或只有很小的裂缝，混凝土基本上处于弹性阶段工作，因而构件的刚度比普通钢筋混凝土构件的刚度有所增大。另外，预应力混凝土受弯构件在施加预应力时，可使构件产生反拱，减小了构件工作时的挠度，这也相当于增大了构件的刚度。

3）可采用高强度材料。普通钢筋混凝土构件不能充分利用高强度材料，而在预应力混凝土构件中，由于预应力钢筋先被预拉，之后在外荷载作用下其拉应力进一步增大，因而预应力钢筋始终处于高拉应力状态，即能够有效地利用高强度钢筋。高强度钢筋的使用，可以减小所需要的钢筋截面面积。与此同时，应该尽可能采用高强度等级的混凝土，以便与高强度钢筋相配合，获得较经济的构件截面尺寸。

4）扩大了构件的应用范围。由于预应力混凝土改善了构件的抗裂性能，因而可用于有防水、抗渗透和抗腐蚀要求的环境。由于采用高强度材料，预应力混凝土结构轻巧、刚度大、变形小，可用于大跨度、重荷载及承受反复荷载的结构。

预应力混凝土能充分发挥钢筋和混凝土各自的特性，提高钢筋混凝土构件的刚度、抗裂性和耐久性，可有效地利用高强度钢筋和高强度等级的混凝土。与普通混凝土相比，预应力混凝土在同样条件下具有构件截面小、自重轻、质量好、材料省的特点。

预应力混凝土结构施工需要专门的机械设备，工艺比较复杂，操作要求较高，增加施工复杂程度，增加施工周期，总的来说会增加造价，但在跨度较大的结构中，其综合经济效益较好。此外，应注意如果使用之后结构需要改造，预应力结构会有更多的限制条件，预应力混凝土结构不允许在预应力结构上随意剔凿或后设埋件。

同时，预应力锚头的埋设会对建筑造型产生一定的影响，需仔细研究预应力锚头的设置位置，使其尽量小地影响建筑外观。

3. 梁真的必须斜着布置吗？

现在高层办公楼和公寓、酒店的结构设计中，多采用"内筒＋外框架柱"的方案，尤其在不超过 100m 高的高层建筑方案中，这种方案很常见。由于建筑容积率以及立面造型的限制，这样的建筑方案大多由内部的楼梯、电梯等交通盒以及卫生间等辅助房间构成的结构内筒，再加上外立面一圈柱子构成。在这种方案中，建筑由于外立面、酒店房间分隔或公寓户型的限制，外框柱和中心的剪力墙内筒无法完全对齐，在角部的布置就会出现框架柱和剪力墙内筒不是垂直对应的关系。

一般来说，从结构工程师的角度，会优先采用框架柱和剪力墙内筒直接布置框架梁的方式，这就意味着在角部这些框架梁是斜的，与其他柱网的水平、垂直方向不一致。框架梁这样布置，结构的传力方式是明确的，框架柱、框架梁与剪力墙内筒直接相连，受力直接，传力明确也有结构概念对这样设计的支撑。通常施工图审查部门也支持这样的设计方法，框架梁这种布置方式在结构专业内得到广泛认同和普遍采纳（图 1.2.4）。

但这样的结构布置，对建筑设计的影响是什么？由于建筑物四个角部的梁都是斜的，对于公寓和酒店的设计，歪梁斜柱是极其忌讳的。而且这四个角部影响的房间数占总房间数约 40%。而一般的酒店和公寓仅在卫生间范围吊顶，在客房区域均不设吊顶，可这样的结构布置，如果不设吊顶，斜梁外露，人员在房间里就会感觉到很别扭，不符合人们对大多数酒店或公寓的心理预期，会影响人们的舒适感。而且这样的房间在每层的全部房间里占比 40% 不是一个小数目，是个非常大的比例。显然，如果不设吊顶，这样的设计是

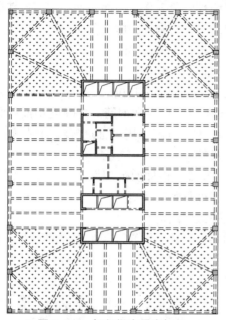

图 1.2.4　框架梁布置在框架
柱和核心筒之间

无法满足要求的。而通常由于场地和建筑立面等原因，也不太可能修改柱网使框架梁实现横平竖直地垂直布置在剪力墙内筒上。

如果因为需要遮盖结构的斜梁而增加设置吊顶，涉及全楼每层的约40％的房间都需要增加吊顶。一方面增加吊顶会带来层高的增加，而对于其他不需要设置吊顶的房间，整体层高增加是个浪费；另一方面，增加了层高在总高控制的情况下必定带来得房率的降低。同时，增加吊顶本身对项目的整体造价会带来比较大的提高。

这时候，对于项目的建筑功能的满足与否，结构体系和框架梁的平面布置起了至关重要的作用。需要结构工程师做更加细致的研究和分析，确定是否需要一定坚持采用框架柱和内筒直接相连的设计概念。研究如何在结构设计中避免建筑不希望出现的斜梁，不把梁布置成斜的，采用水平和垂直的布置方案，做到既满足建筑功能的需求，同时也是可行的结构方案。

结构工程师就需要做精细的分析和研究，不能简单用一个结构概念，用"结构不合理"将建筑所需要的方案否定了。经过分析，在结构设计中可采用以下措施，实现框架梁水平和垂直布置在内核心筒上：

1）加强核心筒角部暗柱的配筋，可参考核心筒墙体抗震等级提高一级计算的配筋；

2）加强与框架梁连接部位核心筒暗柱的配筋要求，该暗柱参考框架柱配筋；

3）加强与核心筒角部区域相连楼板及双层双向配筋；

4）加强底部加强部位和约束边缘构件的配筋；

5）内筒的门洞不宜靠近转角部位。

通过提高相关构件的可靠性、控制相关构件挠度和裂缝等措施，降低了建筑层高、省去建筑吊顶，满足了建筑功能需要（图1.2.5）。

通过这个实例结构工程师应思考，在遵循规范和对结构设计概念的坚持中，如何做到能同时满足建筑功能的要求。换句话说，一个仅仅满足结构概念的结构设计是个"死设计"，是个不被需要的设计，这样的结构设计、结构概念即使再完美，也没有意义。当结构设计被建筑专业认可和需要时，当结构设计能为建筑和机电设备专业解决问题时，这

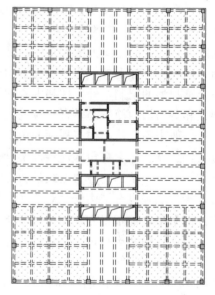

图 1.2.5　框架梁水平-垂直布置

样的结构设计才是真正有意义的结构设计。不能为了结构设计而结构设计，而应该为了建

筑功能需要和实现而结构设计。

从某种意义上来说，结构设计就是在被建筑专业和机电设备专业不断地要求、不断地挑战中提高和创新的，也正是由于结构工程师的这种接受挑战和不断努力，才会使建筑设计更加完美。

4. 结构设缝处一定要设双柱吗

对于超长结构，通过设置结构伸缩缝，将超长结构划分为较小的结构单元，这是建筑设计中常规的设计方法。建筑师都会和结构工程师确认设置结构缝的位置，确定了位置后很自然地把伸缩缝的位置两边设置成双排柱子的双柱处理方式，这是非常常规的通用做法。实际工程中大多数工程都是这么处理的，在柱网的阵列中，在结构伸缩缝处出现双排柱，无论方柱还是圆柱，出现柱间仅预留结构伸缩缝间距的双排柱，简称为双柱。双柱的存在，在某种意义上会对建筑柱列的协调和统一美感产生一定的破坏。

在延续使用习惯的设计方法的同时，为了成就更好的建筑，也可在设置结构伸缩缝的时候思考一下，结构伸缩缝处一定要设置成双柱吗？结构伸缩缝处设置成单柱行不行？结构伸缩缝处设置成无柱行不行？

从结构设计的角度来说，结构伸缩缝的设计不仅仅有双柱这一种解决办法，还可以有多种结构解决办法可供选择。这时，结构工程师需要给建筑师提供多种思路，多种解决办法，不仅仅把解决办法局限于已有的常规处理手法上，使建筑功能的实现具有更多的灵活性和多样性。结构伸缩缝的设计不仅仅有双柱这一种解决办法，还有设置成单柱、设置成无柱的解决方式。

结构伸缩缝处单柱方案和结构伸缩缝无柱方案可以更好地保持建筑效果的连续性，让使用者感觉不到有结构伸缩缝的存在，可以通过结构设计的努力，弱化结构伸缩缝对建筑效果的影响。

（1）结构伸缩缝双柱方案

结构伸缩缝处设置双柱，这时可以延用两侧的柱网将结构分为两个独立的单体（图1.2.6）。结构伸缩缝处设置双柱的特点是可以保持原有柱网，结构布置也可延用两侧布置，对结构体系和平面布置没有重大影响，仅在单侧的最边上一跨的柱网有所调整即可，缺点是在统一柱网的阵列中多了一排双柱，对建筑的整体性和协调一致性有所破坏。这种方式，是目前最为常用的结构伸缩缝处的建筑处理方式，也是被建筑师默认需在结构伸缩缝处采用的处理方式。

（2）结构伸缩缝单柱方案

结构伸缩缝设置单柱时，需根据需要调整柱网，结构伸缩缝的一侧为结构柱，另一侧并不设置柱子，设置为悬挑出来的结构构件。这时需考虑悬挑长度可实现的设置柱子的位置，在混凝土结构常规柱网为 8m～9m 时，半柱网处设置柱子基本可实现。结构伸缩缝设置单柱方法的优点是避免了结构伸缩缝设置双柱，仅在结构伸缩缝一侧柱列中部多设置了一排柱子，对建筑柱列的整体性和协调一致性的破坏影响稍小（图1.2.7）。

（3）结构伸缩缝无柱方案

结构伸缩缝不设置柱子采用无柱方案时，需要调整结构柱网，使每侧梁悬挑出半轴距，也需考虑悬挑长度是否能实现。一般在混凝土结构常规柱网为 8m～9m 时，也就是

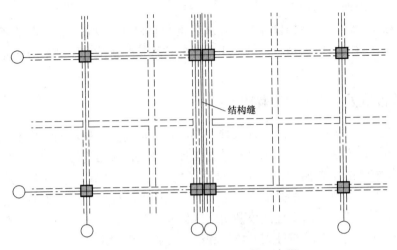

图 1.2.6 结构伸缩缝处设双柱示意图

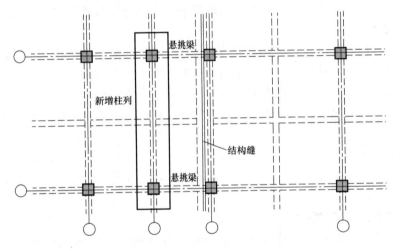

图 1.2.7 结构伸缩缝处设单柱示意图

两侧最大悬挑 4.5m 左右时，此方案对混凝土结构基本可实现。结构伸缩缝不设置柱子方案的优点是在结构伸缩缝处不仅避免了双柱，而且还没设置柱子，对建筑柱列的整体性和协调一致性几乎没有破坏，是结构伸缩缝布置方案中对建筑效果影响最小的方案。需要注意的是，这时结构伸缩缝是设置在柱网的跨中，而不是按常规设计那样设置在柱子处（图 1.2.8）。

5. 牛腿可以不难看吗？

一般人们脑海里的牛腿，就是我们教科书中的牛腿，大多出现在工业建筑的工业厂房的结构设计中。工业建筑的结构设计中这些牛腿的作用是承托吊车梁的作用，由于吊车梁的荷载比较大，而且还是动荷载，所以这些牛腿的尺寸会比较大。

在民用建筑设计中，由于建筑造型和功能的多样化和复杂化，以前用在工业建筑中的牛腿构件越来越多地被运用在民用建筑的结构设计中。

民用建筑结构设计中牛腿常用来作为钢连桥的支座、变形缝的支座、新旧结构结合处

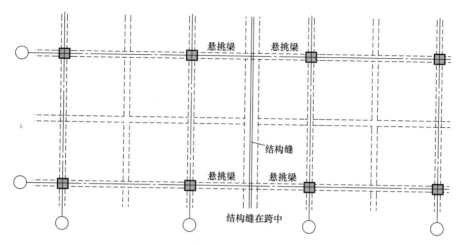

图 1.2.8 结构伸缩缝处无柱示意图

的连接构件等。

（1）牛腿构造

一般情况下，牛腿可认为是一种变截面深梁，承受顶面传来的集中荷载引起的剪力和弯矩。对于 a 不大于 h_0 的柱牛腿，其截面尺寸应符合下列要求：牛腿外边缘高度 h_1 不应小于 $h/3$，且不应小于 200mm；在牛腿顶受压面上，竖向力 F_{vk} 所引起的局部压力不应超过 $0.75f_c$（图 1.2.9）。

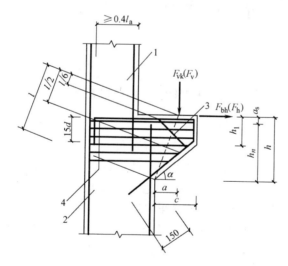

图 1.2.9 牛腿外形及钢筋配置

a——竖向力的作用点至下柱边缘的水平距离；

h_0——牛腿与下柱交接处的垂直截面有效高度；

h_1——牛腿的外边缘高度；

F_{vk}——作用于牛腿顶部按荷载效应标准组合计算的竖向力值；

f_c——混凝土轴心抗压强度设计值。

工业建筑中的常用牛腿造型在民用建筑中采用时，可用在对造型要求不高，或有吊顶

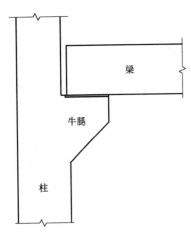

图1.2.10　民用建筑中牛腿的利用

的建筑中。这种牛腿的优点是受力简单、构造明确，由于是常规设计构件，有可参考的现成图集，不容易出错。缺点是由于结构构造的限制，牛腿体型较大、造型不够美观。另外，由于牛腿在柱子端部占用的高度较大，如果需要吊顶则需要较大的吊顶空间才能将其全部遮盖起来（图1.2.10）。

（2）边梁变形牛腿

这种牛腿是从边梁变形而来，结构设计的目的是在边梁中伸出牛腿，实现在牛腿上设置钢连梁、钢平台以及实现需要搭设构件的目的。在这个构造中，将牛腿结合成边梁的一部分，实际上巧妙地利用了边梁的全截面，将梁下皮标高和牛腿有机地结合起来。同时，还能满足造型优美的特点，不会在梁根部占用过多的空间，使连接节点自然平缓。另外，可利用钢桥的结构构件外形，创造出建筑整体造型（图1.2.11）。

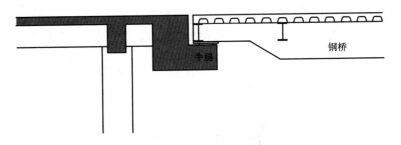

图1.2.11　边梁变形牛腿

（3）隐形牛腿

在民用建筑中，为了实现外立面造型的协调和统一，有时需要将牛腿的功能弱化，在外形上看不出来是牛腿构造。这时，可以将牛腿设计成"隐形牛腿"，也就是在外部看不见常规牛腿，但结构内部构件实现牛腿的功能，局部构件起到变截面短而深的悬挑梁的作用，但外部并不可见，实现"隐形"的效果（图1.2.12）。

我们要做的就是将梁的牛腿设计成边梁变形牛腿，将梁下皮标高和牛腿有机地结合起来。同时，将搭接的梁设计成变截面梁，通过梁和牛腿的有机组合，形成一个完整截面的梁。在外面看到的是一根整梁，完全看不到传统意义上牛腿的造型，但结构构件实际上起着牛腿的功能，承担着牛腿的作用，实现了"隐形牛腿"的效果，在建筑造型上可以和其他无牛腿功能的构件造型统一协调一致。

这个方法还可以用在设置结构变形缝的构件中。

6. 幕墙内的结构是不是可以布置得更好看？

现在在城市建筑中大量的公共建筑采用了玻璃幕墙，当玻璃幕墙颜色较深时，玻璃幕墙内的结构布置在外部并不可见，而当玻璃幕墙颜色较浅时，玻璃幕墙内的结构构件在透

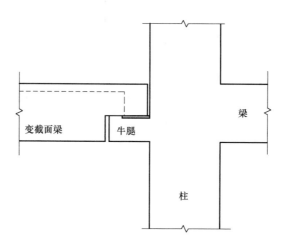

图 1.2.12　隐形牛腿

明幕墙外是可见的。往往在结构设计阶段中，玻璃幕墙的颜色并未完全确定，或是开始确定为深颜色了，之后由于各种原因，玻璃幕墙颜色由深色改为浅色，玻璃幕墙内部的结构构件就成为可见构件了。这时，如果结构设计时仅仅考虑满足结构计算要求，不注重幕墙内结构立面构件的统一协调和美观，没有"结构立面"概念，就会在玻璃幕墙透出难看的高高低低、大大小小的结构构件，破坏整体的建筑美感。

　　这时候的结构设计虽然不影响传统意义上的外立面效果，普遍会认为玻璃幕墙内的结构立面不是真正意义上的外立面，外面有幕墙挡着，这个结构外立面应该是不可见的。但往往由于玻璃幕墙颜色不够暗，或者玻璃幕墙颜色由深色改为较浅颜色了，通常建筑师也会忽视这个问题。这时，由结构工程师根据计算确定尺寸的结构构件的结构外立面就会从玻璃幕墙上透出去，在外面可以清清楚楚地看到内部邻近玻璃幕墙的结构构件，大大小小、高高低低的结构构件无疑会对建筑效果带来破坏。这时，有意识地主动进行"结构立面"的设计，是在细节上对建筑整体美感的贡献，而不是在结构设计的无意之间对建筑效果做出破坏。

7. 悬挑梁的边梁真的要比主梁低吗?

　　时常在一些多层建筑物的外面看见这样的情况：建筑物室外走道上方是悬挑构件，悬挑主梁截面高于封边的边梁，从外面的端部看就是一个一个的主梁端头露在那，一个一个的高出边梁，看上去非常的不协调，不美观。这种情况在一些中、小城市或者乡村非常普遍。这种情况还比较多地出现在学校建筑的悬挑走廊中。由于没有吊顶，所有结构构件都暴露在外面，结构外观就是建筑物的外立面，直接影响建筑物的外观（图 1.2.13）。

　　或许设计这些建筑的结构工程师都严格遵循了"主梁应该比次梁高"的原则，机械地进行了结构设计。其实大可不必这么刻板地执行结构构造要求，无论哪个方向梁高，受力方式是明确的，不会因为主梁和次梁的梁高而改变受力关系。在分析清楚结构的受力关系后，可以将次梁设计得和主梁同高、甚至可以高于主梁，这时即使没有吊顶，也会让建筑物的外立面美观许多（图1.2.14）。

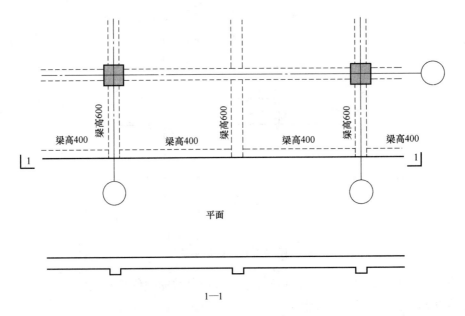

图 1.2.13 边梁比主梁低的外立面

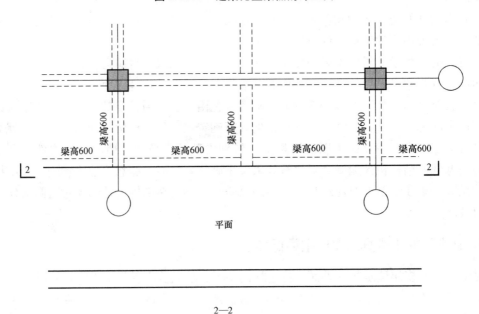

图 1.2.14 边梁与主梁同高的外立面

越是普通的建筑，结构工程师的责任就越重大，设置结构构件就越不能随意。因为没有建筑吊顶或装饰的遮盖，结构设计就会直接影响建筑物的外观和美观效果。将建筑物结构外边梁布置成和内部悬挑梁同高会让建筑外立面线条统一，不产生不协调的额外的结构线条，从细小处着手，为不破坏建筑物的美感添彩。

8. 真的只能这样加腋吗?

随着人们生活水平的提高,对健康的重视程度也越来越高,无论是夏日炎炎还是寒冷的冬日,游泳馆成了不少人业余生活中常常光顾的场所。每每去到图 1.2.15 所示的这个游泳馆,总会让人产生不安的感觉。

图 1.2.15　某游泳馆加腋大梁

可以看见,在游泳池一侧的通道上方,一道道的大梁竖向加腋将游泳池边通道上方几乎全阻挡住了,使得通道区有效净高不到 1.3m。这个大梁竖向加腋每隔约 6m 一道,走过这里必须弯一下腰才能通过,成年人高度的行人稍不留意,就会撞到,非常不安全。据这里的工作人员讲,由于这里是池边的必经之路,经常会有不熟悉地形的泳客无意中撞到头部或身体。同时,由于这里是浅水区的岸边,也是教练员站在岸边指导水下学员的必经之路,经常会有教练员因为在行走中专注指导水下学员,不慎撞到大梁的事情发生。在这个通道下,因不小心撞到大梁而受伤的事屡屡发生。

结构工程师知道这个梁加腋一定是计算需要,这样的设计背后一定有其原因,或许由于结构体系、造价等因素的限制,不得已而为之。但看到这样的设计带来人们屡屡受伤的后果,让人十分心疼。结构工程师也应该反思一下,结构设计时真的只能这样加腋吗?在建筑设计中的结构方案,除了必须使结构安全可靠以外,以牺牲使用功能为代价,以使用时人员的不安全为代价,还能够算是合理的结构方案吗?结构设计应该是促使建筑功能更合理的设计,是让建筑更美的设计,其本身不应该是破坏建筑功能的设计。

第3节　重新认识结构设计

建筑设计中的普遍观点是,结构设计无论是对建筑外观还是建筑功能都会产生影响。由于结构构件的存在,或多或少地会破坏建筑造型,影响建筑使用功能。

在这同时,也应该非常清楚地意识到,结构工程师可以用不同的方式,以结构的视角,做一些结构设计的尝试,在和建筑师的共同努力下,实现对建筑功能的贡献,也会帮助建筑设计创造更好的空间、实现更好的使用功能。

　　举一个例子说明通过建筑师和结构工程师共同努力，可以让建筑空间更好，进而实现节约土地资源，让我们生活的地球更加绿色、节能、环保。

　　现在城市里的地下车库大多是垂直式停车方式，根据柱网的大小，每个柱间停 3 辆车或 4 辆车。开车的人都会觉得，停车时那一根根柱子是多么地碍事，往往这些柱子上会有不少的车剐蹭痕迹，说明柱子的存在会给停车带来许多不便。在常规的地下车库的设计

图 1.3.1　地下车库柱间空地

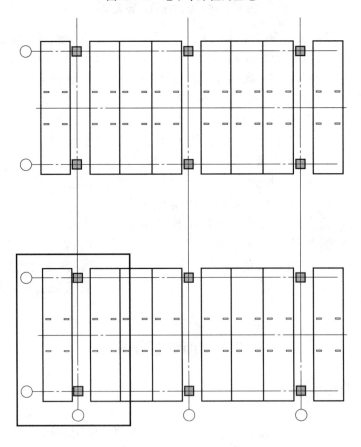

图 1.3.2　常规地下车库柱网布置

中，车位柱子间都会有"柱宽×柱净距"范围的面积是空着的，不能做任何功能使用。当柱子截面较大时，这个柱间空白区域的面积就非常大，在寸土寸金的大城市来说，这个空白面积的占地成本是非常高的（图1.3.1～图1.3.3）。

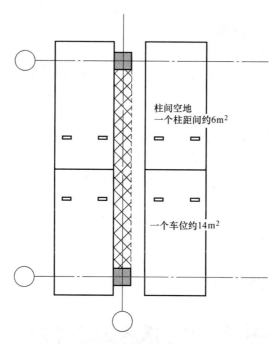

柱间空地
一个柱距间约6m²

一个车位约14m²

图1.3.3　地下车库柱间空白面积占地

通常的地下车库的设计中，建筑师习惯采用柱网布置为8.1m×8.1m、8.4m×8.4m或9m×9m。柱网跨度8～9m为较经济的柱网尺寸，这个跨度下的梁也是经济跨度，整个楼盖体系也是较为经济的。在8.1m×8.1m、8.4m×8.4m或9m×9m柱网下，柱间停3辆车。那些不能停车的柱间空白面积的范围有多大？如果是800mm×800mm的柱子，两个柱间空白面积就有约6m²（图1.3.3）。对于几千平方米、上万平方米的地下车库，就会有非常可观的建筑面积空在那，完全没有用处，白白浪费掉了。如果在地下车库的上部对应的是高层建筑，那柱子尺寸会更大，不能停车的柱间空白面积也就会更大，大于6m²，结果就是柱间停车的布置方式会带来更多建筑面积的浪费。

再设想一下，一个城市会有多少地下车库，会白白浪费多少寸土寸金的土地资源？成百上千个城市，都是这个设计思路，全国又会浪费多少宝贵的土地资源呢？

现在的地下停车场基本上都是这个设计思路，大家都习惯和接受这个设计了。对于柱子范围不能停车的柱间空白面积，也都习惯地认为就该这么空着没有用了。

建筑师在采用惯用的设计方法时有没有想一想，建筑设计是不是可以做得更好呢？结构工程师有没有想一想结构工程师能为此做些什么呢？

能不能畅想一下，如果地下停车场的车位也能像在空旷的地面场地上的停车场那样连续停放，不被一个一个的柱子打断呢？那么，也就避免了不能停车的柱间空白面积，从而提高了地下停车场的有效利用率，实现土地资源的不浪费和充分合理利用。

在地下车库的设计中，减少不能停车的柱间空白面积，一方面能节约宝贵的土地资源，另一方面也能让人们不需要在柱子之间停车，产生和柱子间不必要的剐蹭，切切实实地提高生活品质。但在地下车库的结构设计中，如果还是按现有的设计思路，简单硬性地取消停车位之间的柱子，增加跨度，由于跨度以及柱网布置的不合理，一定是会带来建造成本的增加，现有设计中的层高等问题都无法解决，因此，简单地增加跨度也不是目前一般普通地下车库设计应该走的设计方向。

在地下车库的设计中，如何能在现有的成本控制范围内，通过建筑师和结构工程师的共同努力，对地下车库柱网进行研究和精心设计，实现连续停车和优化地下车库提高车位率，这是建筑设计中应努力的方向。

建筑师和结构工程师都应该主动想一想，去除惯性思维，对于地下车库的设计是不是可以跳出一直以来的习惯设计方法，在保证结构安全的前提下，减少车位间不必要的面积浪费，实现地下车库内一辆一辆的连续停车的概念。

地下车库设计中的柱网和车位的研究是个综合问题，需要将柱网的研究结合车位的研究一起进行。这个问题也不是一个专业能解决得了的，需要建筑师和结构工程师共同努力，建筑师需要对车位进行研究，结构工程师需要对柱网的可行性进行研究，共同摒弃惯性思维，开创新的设计思路。用创新的理念，突破惯性设计、突破以往的经验，把每一个新设计作为新的起点，在设计细节中突破以前的设计，突破以前的自己，共同做出更好的建筑设计。图 1.3.4 为地下车库连续停车实例。

图 1.3.4　地下车库连续停车

第 2 章　地下车库连续停车概念的设计及工程实例分析

第 1 节　地下车库的设计方式

根据《车库建筑设计规范》JGJ 100—2015 的要求：

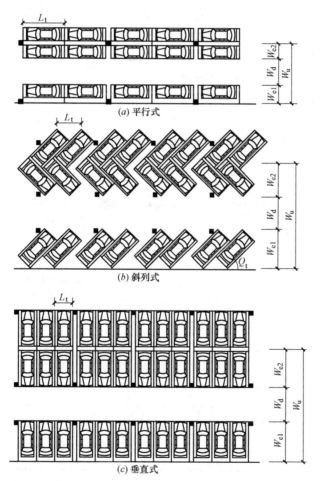

(a) 平行式

(b) 斜列式

(c) 垂直式

注：W_u 为停车带宽度；W_{e1} 为停车位毗邻墙体或连续分隔物时，垂直于通(停)车道的停车位尺寸；W_{e2} 为停车位毗邻时，垂直于通(停)车道的停车位尺寸；W_d 为通车道宽度；L_t 为平行于通车道的停车位尺寸；Q_t 为机动车倾斜角度。

图 2.1.1　规范中的三种停车方式

（a）平行式；（b）斜列式；（c）垂直式

小型车外轮廓尺寸：总长4.8m，总宽1.8m，总高2.0m。

《车库建筑设计规范》JGJ 100—2015条文4.1.2："汽车库内停车方式应排列紧凑、通道短捷、出入迅速、保证安全和与柱网相协调，并应满足一次进出停车位要求。"

《车库建筑设计规范》JGJ 100—2015条文4.1.3："汽车库内停车方式可采用平行式、斜列式（有倾角30、45、60）和垂直式，或混合采用此三种停车方式。"如图2.1.1所示。

停车场的停车方式，根据地形条件以占地面积小、疏散方便、保证安全为原则，主要有平行式、斜列式、垂直式三种。

平行式停放方式：车辆停放时车身方向与通道平行，是路内停车带或狭长场地停放车辆的常用形式。平行停车方式的停车带和通道均较窄，车辆进出方便、迅捷，但停车面积较大，适合需给机动车道留空间的位置，通常在地下车库的设计中很少单独使用。

垂直式停放方式：车辆停放时车身方向与通道垂直，是最常用的一种停车方式。垂直停车方式单位长度停放车辆数最多，单通道所需宽度最大，驶入驶出车位一般需倒车一次，使用便捷，用地比较紧凑。垂直式停放方式是地下停车库设计中常用的停车方式，车位布置可以两边停车，合用中间一条通道。

斜列式停放方式：适合出入没有足够空间的路边，通常在地下车库的设计中很少单独使用。

三种停车位方式各有优劣：垂直式停车多，平行式占道少，斜列式好进出。

通常，在地下车库的设计中根据结构柱网的便利性，较为常用的停车方式是垂直式停放方式。

《车库建筑设计规范》JGJ 100—2015 表4.3.4 小型车的最小停车位、通（停）车道宽度

表2.1.1

停车方式		垂直通车道方向的最小停车位宽度(m)		平行通车道方向的最小停车位宽度L_t(m)	通（停）车道最小宽度W_d(m)
		W_{c1}	W_{c2}		
平行式	后退停车	2.4	2.1	6.0	3.8
斜列式	30° 前进(后退)停车	4.8	3.6	4.8	3.8
	45° 前进(后退)停车	5.5	4.6	3.4	3.8
	60° 前进停车	5.8	5.0	2.8	4.5
	60° 后退停车	5.8	5.0	2.8	4.2
垂直式	前进停车	5.3	5.1	2.4	9.0
	后退停车	5.3	5.1	2.4	5.5

在地下车库建筑方案的设计中，柱网的布置对车库的停车效率是很关键的，两者几乎是相辅相成的关系。布置柱网时必须考虑到尽量增大车库内有效停车面积，减小因为柱子产生的空间浪费，一般来说，在相同的车库面积中柱子越多，减少的停车位就会越多。若柱间停2辆车改为停3辆车时，由于柱距加大，柱子减少，可多停约5%的车，即每20辆车可增加一辆车的面积，所以当车库规模较大时，每柱间停放3辆车比每柱间停放2辆

车更经济。这时，若将柱距增加得更大，实现可以停更多辆车，超过 3 辆时，由于柱子截面、层高等均需增加，土建造价会增加较多。因此，通常地下车库以每柱距停 3 辆车为较常用方式，这时柱网的柱距为 8～9m，为结构梁高可以控制在经济梁高的跨度。同时，由于抗震构造的需要，框架柱和框架梁截面有最小截面、最小配筋率及配箍率等配筋构造要求，因此，更小的跨度，框架柱和框架梁的截面和配筋并不能下降许多。工程经验表明，柱间停放 3 辆车的 8～9m 的柱网为经济柱网，这个柱网下的钢筋混凝土框架结构可以充分发挥作用，结构体系是经济合理的（图 2.1.2）。

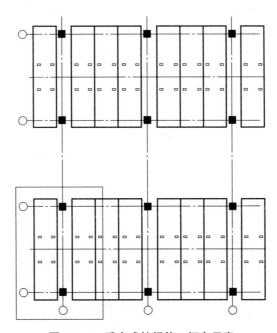

图 2.1.2　垂直式柱间停 3 辆车示意

　　常见的柱网有 8m×8m 柱网、8.1m×8.1m 柱网、8.4m×8.4m 柱网、9m×9m 柱网等。这样排布柱网的主要目的是柱距适中，梁高为经济梁高，结构体系经济合理。8.1m×8.1m 柱网、8.4m×8.4m 柱网、9m×9m 柱网等柱跨间停放 3 辆车，这样的设计已被大家熟悉和广泛接受，大多地下车库也都是这么设计的。长期以来，这样的设计作品以及设计习惯已经深深地影响了人们的生活习惯，人们已经很自然地认为地下停车库就应该是这样的：对于大多数住宅小区或小型商业区的地下停车库，柱跨间停 3 辆车；少数大型公共地下停车库柱间停 4～6 辆车。这时，每个柱子之间都存在不能停车的柱间空白面积，这个柱间的空白面积没有任何功能，无法利用，只能白白空着（图 1.3.1、图 1.3.3）。

　　对于一个常规的地下停车库，如果按照柱网 8～9m 计算，停车库中每个柱间空白区域面积约为 6 m²。而一个停车位如果按照 2.4m 宽、5.3～5.5m 长计算，其直接占地面积只有约 13 m²。也就是说，如果每三个停车位就有一个没有任何使用功能的柱间空白区域，先不考虑车道以及地下室其他辅助面积，仅计算一下柱间空白区域面积和停车位面积的占比，为 6/(3×13) = 15%，即地下车库中有约占停车位面积 15% 这么大的面积被没有任何使用功能的柱间空白区域占用了。这个面积完全没有任何功能，只是因为这个停车方式的柱网布置，就不得不空出来了，柱子截面越大，柱子间空白区域就越大。而这些面积同时还消耗着地下车库消防、通风、照明等设备要求的面积指标，对能源的消耗不仅仅体现在设计上设备的一次性投入，还体现在运营期间能耗的持续性投入。同时，由于地下车库面积的增加还会直接影响人防计算面积及其相应的人防建造成本。

在继承和接受以往设计习惯的同时，设计师们有没有想过和研究过，如何设计才能尽可能减少这个无用的柱间空白区域？有什么办法可以避免这个柱间空白区域呢？

即使是对于每个柱跨间同样停 3 辆车，不同柱网：8m×8m 柱网、8.1m×8.1m 柱网、8.4m×8.4m 柱网、9m×9m 柱网之间的停车数有什么差别？到底能差多少？究竟是小柱网综合停车数多还是大柱网综合停车数多？结构柱子的布置方向对柱网的停车位有多大的影响？柱间空白区域在地下停车库里无法利用，属于白白浪费的面积，那么，停车位柱间空白区域的设置是必需的吗？有没有其他的解决方式可以减少或避免这个面积的浪费呢？

试想一下，如果每个地下停车库能有相当于停车位 15％的额外面积加以充分利用，哪怕是提高 5％的利用率，对于地下车库这个面积总量非常大的建筑，将是个很可观的节地量。这样对于地下车库面积的节约和充分利用，放在一个区域、一个城市以至于全国，节地总量会非常可观。在不增加建筑面积、不增加多少投资的情况下，通过建筑师和结构工程师对柱网和停车布置的研究，净增加停车空间，减小停车位中无用的柱间空白区域，哪怕将使用率提高 5％，都是很有意义的一件事，更何况，在细化设计中，若能提高超过 5％的停车效率，意义就更加显著。

结构工程师参与对地下车库柱网的研究，参与对停车效率的研究，弥补了建筑师对结构体系不熟悉无从下手的缺陷，也是从源头上进行绿色建筑设计，带着环保理念优化设计，将节能、节地、节材的绿化设计理念具体地体现在建筑设计中。

按照常规的设计方式，建筑师需要结构工程师配合提供地下车库柱网的柱子截面。结构工程师会根据计算给出所要求的柱网（8.1m×8.1m 柱网、8.4m×8.4m 柱网、9m×9m 柱网、9m×16m 柱网）下的柱子截面。这时的柱子截面需要满足柱间距离使每个车位宽度不小于 2.4m 即可，也就是柱子截面在车位宽度方向，对于常规的柱网：8.1m×8.1m 柱网、8.4m×8.4m 柱网、9m×9m 柱网、9m×16m 柱网，这时的柱子宽度不大于800mm 即可满足建筑功能需要。

这个现有地下车库建筑设计的基本思路，已经非常普遍地应用在柱网布置的设计中了，是非常成熟的设计习惯。设计师一般都不会去挑战传统思路，跳出以往的设计习惯，另辟蹊径地去做一些尝试，看看还有什么更好的柱网布置方式可以提高地下车库的停车效率。

面对土地资源日益紧缺的今天，是时候开始精打细算了，我们没有理由坚守和延续惯用的较为粗犷的设计方式。应该有意识地在建筑设计中反思和总结一下以往的设计习惯，花时间和精力进一步关注细节设计，关注具体在建筑设计中如何做才能切切实实落实节地、节能、节材的环保理念。

同时，在设计市场竞争日益激烈的今天，是否有意识主动做精细化设计，做更有远见的设计，更是区分设计团队水平高低的分水岭。结构工程师应该多一些思考、多做一些研究，才能够做到心中有数，为建筑方案的优化和改进提供技术支撑。尽量用数据说话，用研究成果说话，而不是仅仅依靠以往的惯性经验做重复的设计，尽量在每一个工程设计过程中有所改进和提高。

下面，取一个标准区域进行停车位研究，横向 9 跨，计算面积时取 10 跨；纵向 10
跨，计算面积时取 11 跨。跨距根据 8m×8m 柱网、8.4m×8.4m 柱网、9m×9m 柱网分
别进行研究，计算一下这些柱网下在标准区域的停车数，再折合成 1 万 m² 平面内的停车
位，这时比较车位的差别就能很直观地看出这几种柱网对于停车数量影响的差别了。在这
些布置中，柱子尺寸都是真实的可实施的尺寸，车位和车道都按实际车位尺寸布置。这
时，为集中研究停车位这个主要矛盾，简化了设计，未考虑地下室机房、管井、楼梯、电
梯、扶梯等的布置和影响，车道尺寸也未细化在设计内。

研究目的是得出在不同柱网的布置下，采用实际柱子截面时，停车数量究竟有多大区
别？改进柱子截面和布置方式，对结构来说是可以做到的还是难以做到的？相对停车数量

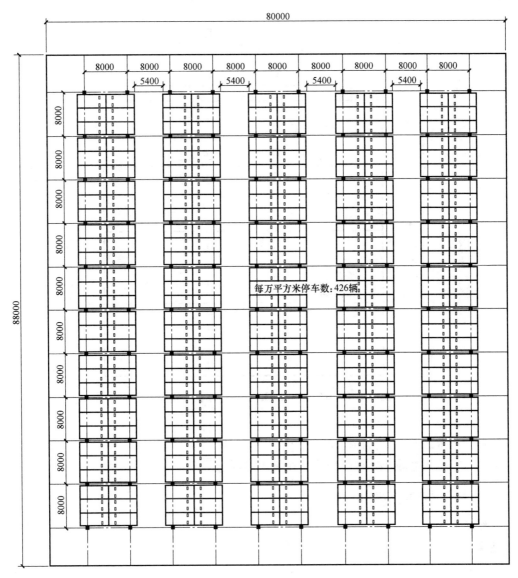

图 2.1.3　方案一 8m×8m 柱网停车位布置

的增加，改变柱子布置带来的结构影响是否会带来结构不利？这些结构不利是否是可行的？结构可以采取什么措施改进柱网布置，从而使得地下停车库的停车效率提高？

1. 方案一8m×8m柱网

具体数据如下：

柱网：8m×8m；

停车方式：柱间3辆；

柱子截面：800mm×800mm；

车位尺寸：2.4m×5.3m；

停车数统计：图2.1.3、图2.1.4所示区域内停车数300辆，折合每万平方米停车数426辆；

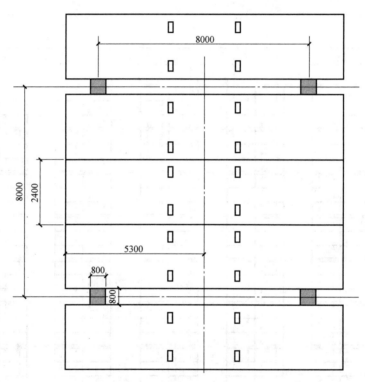

图2.1.4　方案一8m×8m柱网停车位布置放大图

车位可利用效率：100%；

优点：跨度较小，梁截面经济，所有车位可利用；

缺点：车位尺寸较小，柱子较多，视觉不够通透。

2. 方案二8.4m×8.4m柱网

具体数据如下：

柱网：8.4m×8.4m；

停车方式：柱间3辆；

柱子截面：800mm×800mm；

车位尺寸：2.5m×5.3m；

停车数统计：图2.1.5、图2.1.6所示区域内停车数300辆，折合每万平方米停车数386辆；

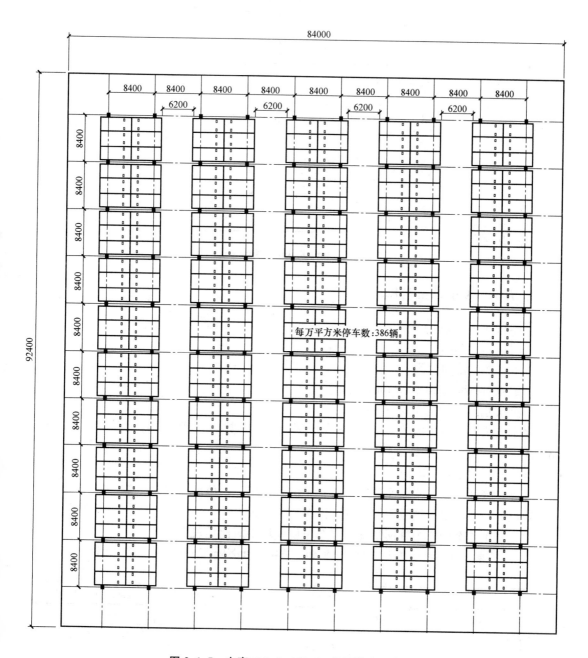

每万平方米停车数：386辆

图 2.1.5　方案二 8.4m×8.4m 柱网停车位布置

车位利用效率：100%；

优点：跨度较小，梁截面经济，所有车位可利用，车位尺寸适中；

缺点：柱子较多，视觉不够通透，停车数量较少。

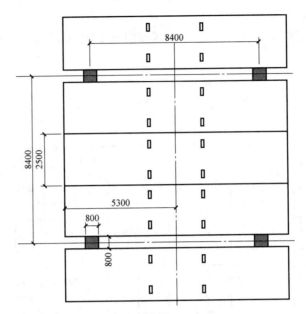

图 2.1.6 方案二 8.4m×8.4m 柱网停车位布置放大图

3. 方案三 9m×9m 柱网

具体数据如下：

柱网：9m×9m；

停车方式：柱间 3 辆；

柱子截面：800mm×800mm；

车位尺寸：2.7m×5.3m；

停车数统计：图 2.1.7、图 2.1.8 所示区域内停车数 300 辆，折合每万平方米停车数 336 辆；

车位利用效率：100%；

优点：跨度适中，梁截面适中，所有车位可利用，车位尺寸较大；

缺点：柱子较多，视觉不够通透，停车数量较少。

以上三个方案的三个柱网情况的停车位研究结果对比见表 2.1.2。

方案一 8m×8m、方案二 8.4m×8.4m、方案三 9m×9m 三种柱网设计结构比较

表 2.1.2

	方案一 8m×8m 柱网	方案二 8.4m×8.4m 柱网	方案三 9m×9m 柱网
结构特点	传统柱间停车	传统柱间停车	传统柱间停车
每万平方米停车数	426	386	336
停车数比	1.27	1.15	1
车位尺寸	2.4m×5.3m	2.5m×5.3m	2.7m×5.3m
柱截面	800×800	800×800	800×800
优点	停车位多	适中	车位尺寸大
缺点	车位尺寸较小	适中	停车位少

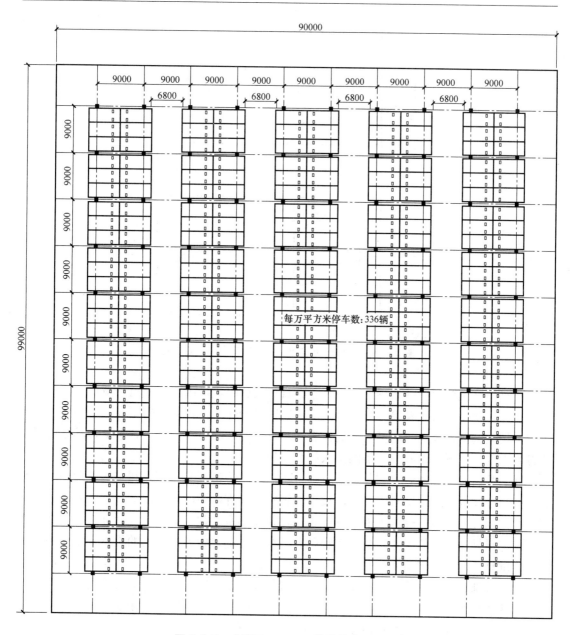

图 2.1.7　方案三 9m×9m 柱网停车位布置

从表 2.1.2 可以看到，方案一 8m×8m 柱网的停车数比方案二 8.4m×8.4m 柱网多10%，比方案三 9m×9m 柱网多 27%。方案二 8.4m×8.4m 柱网的停车数比方案三 9m×9m 柱网多 13%。这个数字还是很可观的，看着相差不大的柱网，折合成每万平方米的停车位居然相差这么大。单纯从地下车库设计而言，提高 10%、13% 乃至 27% 的停车数，需要多开挖较多的地下室才能实现提高这么大比例的有效地下室面积。可见，柱网尺寸的选择，对地下车库停车数量有非常大的影响。

在以上三种柱网中，结构柱截面和梁高都是在一个尺度上的，相同的柱子截面和梁高都是可以实现的，也就是，在以上三个柱网中可以不考虑结构柱子和梁高的区别。

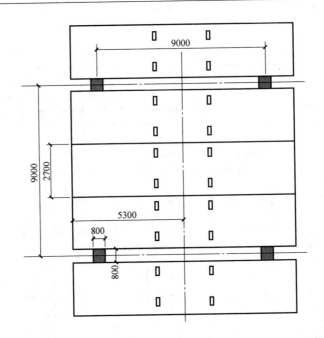

图 2.1.8 方案三 9m×9m 柱网停车位布置放大图

同时应该注意到，以上三种柱网布置在真正实施时或许由于行车道、坡道、机房、电梯、扶梯、管井、防火隔墙等布置而减少一定数量的停车位，但起码是在一个平台上做的比较，相关比例是合理的。可以以此作为初步方案判断的定性依据，各个工程具体可以以此思路为基准，再分别做进一步的深入研究。

这个数据研究让我们看到，当建筑师苦于车位布置不下时，不妨和结构工程师一起努力，换几个柱网方式尝试布置一下，按这个思路，或许问题就迎刃而解了，而不是还按照不变的柱网，简单地通过增大地下室面积或增加地下室层数来解决。设计师们不要认为柱网的确定只是建筑师的工作，结构工程师要在柱网的确定中做出应有的贡献。不同柱网的研究和试算一定是在结构工程师的配合下才能实现的。跳出定式思维，大胆试尝不同的柱网，找出区别和各身的优劣，这也是结构工程师在建筑方案确定阶段的价值所在。

上面比较的是 8～9m 柱网的停车位研究，那么，对于也比较常用的 16m×8m 柱网，结论会是怎样的呢？下面再针对 16m×8m 柱网进行研究。

4. 方案四 16m×8m 柱网

具体数据如下：

柱网：16m×8m；

停车方式：柱间 3 辆；

柱截面：1000mm×800mm；

车位尺寸：2.4m×5.3m；

停车数统计：图 2.1.9、图 2.1.10 所示区域内停车数 300 辆，折合每万平方米停车数 426 辆；

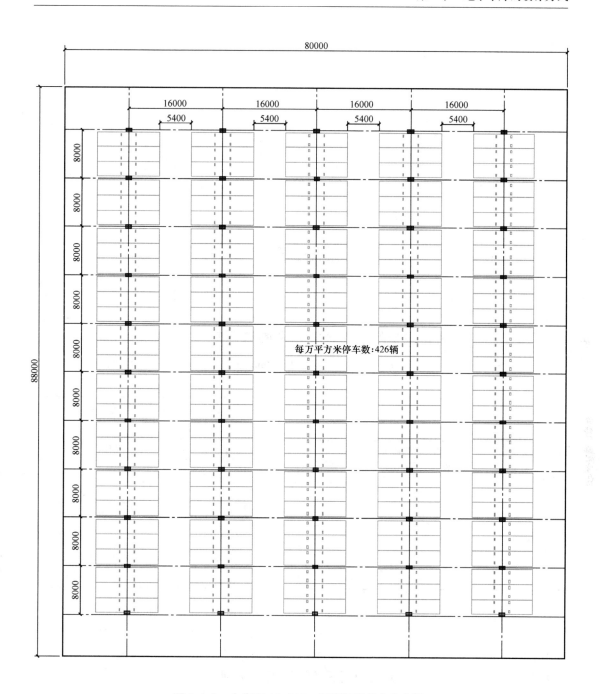

每万平方米停车数:426辆

图2.1.9 方案四16m×8m柱网间断停车位布置

车位利用效率:100%;

优点:柱子较少,视觉通透,所有车位可利用;

缺点:跨度较大,梁截面较大,停车数量适中。

综合以上四种柱网:方案一8m×8m柱网、方案二8.4m×8.4m柱网、方案三9m×9m柱网、方案四16m×8m柱网的停车位研究结果对比见表2.1.3。

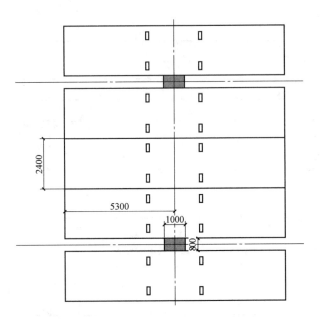

图 2.1.10　方案四 16m×8m 柱网间断停车位布置放大图

方案一 8m×8m、方案二 8.4m×8.4m、方案三 9m×9m、方案四 16m×8m 四种柱网设计比较

表 2.1.3

	方案一 8m×8m 柱网	方案二 8.4m×8.4m 柱网	方案三 9m×9m 柱网	方案四 16m×8m 柱网
结构特点	传统柱间停车	传统柱间停车	传统柱间停车	传统柱间停车
每万平方米停车数	426	386	336	426
停车数比	1.27	1.15	1	1.27
车位尺寸	2.4m×5.3m	2.5m×5.3m	2.7m×5.3m	2.4m×5.3m
柱截面	800×800	800×800	800×800	1000mm×800mm
优点	停车位较多	适中	停车位较大	停车位较多、通透
缺点	车位较小	适中	停车位少	车位较小、梁较高

从上面比较可以看出，在柱网布置时，16m×8m 柱网的停车位和 8m×8m 柱网的一样多。相比 9m×9m 柱网，8m×8m 柱网和 16m×8m 柱网的停车位提高 27%；相比 8.4m×8.4m 柱网，8m×8m 柱网和 16m×8m 柱网的停车位提高 10%。地下停车库的停车数差别 27% 和 10%，这对于大型地下停车库的设计是非常可观的。

方案四 16m×8m 柱网的梁高比方案一 8m×8m 柱网梁高约高 200～300mm。方案四 16m×8m 柱网由于跨度比 8m×8m 柱网加大一倍，因此，较少的柱子带来的通透感的增加会非常明显。而方案四 16m×8m 柱网增加的梁高由于只有 200～300mm（在不考虑人防以及不考虑地下室顶板覆土时），无须为此增加层高，可以通过将部分管线布置在 16m 跨度梁跨中区域的中部标高位置来解决，部分管线穿梁的处理方式，必要时也可考虑在大跨梁的根部设置局部竖向加腋，不会以牺牲净高为代价。

方案四 16m×8m 柱网的缺点是这个柱网跨度较大，当地下车库上空有地上结构时，若仍沿用16m的跨度时，应考虑这个柱网是否经济？若将方案16m×8m柱网转换成较小柱网，则涉及柱网转换问题，是否合理和经济需要另行研究。同时，普遍由16m大跨度柱网转换为较小柱网，属于抗震不利体系，从结构设计的角度应尽量避免。

若综合考虑地下车库的停车效率和地上结构的使用功能，确定需采用地下16m柱网，地上较小柱网的体系才能最大效率地满足地下停车要求，同时，使地上建筑的使用功能发挥最大效率时，需要综合研究和比较这个转换体系的结构方案，并采取结构加强措施保障转换体系这个抗震不利体系的结构设计的安全可靠性。

方案四16m×8m柱网的地下车库，如果仅是独立的地下车库，地下车库上方没有地上结构，这个柱网和方案一8m×8m柱网、方案二8.4m×8.4m柱网、方案三9m×9m柱网相比，停车效率的优势还是很明显的，再加之车库内柱子较少带来的通透感，比较小柱网方案一8m×8m柱网、方案二8.4m×8.4m柱网、方案三9m×9m柱网的使用者感受会好很多。同时，方案16m×8m柱网带来的土建造价的增加也是有限的。

通过对地下车库柱网的研究和比较，增加停车数量，达到停车效率的提高，从长远来看是对土地资源的节约和充分利用，同时提高设计品质，是负责任的设计态度。因为土地资源不是某个业主的、某个开发商的，而是整个社会的共有财富，大家都有责任和义务保护和充分利用它。从大的层面来说，已无关乎业主是否有这个要求，而是应该出于设计师的社会责任。从设计层面来说，对土地资源的浪费，会持续整个设计使用年限的全周期。按目前的规定，设计使用年限是50年。也就是说，一旦设计完成，如果对土地资源没有合理充分利用，起码在设计使用年限50年内，这个浪费是无法挽回的。同时，超过设计使用年限50年时，通过对建筑的检测和鉴定，采取必要的结构加固或加强措施，超过设计使用年限的工程一样可以正常使用。所以，从理论上来说，如果对土地资源没有合理充分利用，起码在建筑物的生命周期内（这个生命周期会大于设计使用年限50年），这个浪费是无法挽回的。这样看来，相对于对土地资源几十年的占用来说，增加有限的土建造价就显得不那么重要了。

第2节　连续停车概念及其优势

以上地下车库的四个柱网方案：方案一8m×8m柱网、方案二8.4m×8.4m柱网、方案三9m×9m柱网、方案四16m×8m柱网的停车方案均为传统停车方式，即：8m柱间停3辆车的方式。通过上面的研究可以看出，在以上研究情况下，方案一8m×8m柱网、方案二8.4m×8.4m柱网、方案三9m×9m柱网、方案四16m×8m柱网的每万平方米停车数分别是426辆、386辆、336辆、426辆。在8m柱间停3辆车的前提下，可停最多车数的柱网是方案一8m×8m柱网和方案四16m×8m柱网，这两种柱网的停车数基本上已达到上限，没有增长空间了。

目前，地下停车库的设计基本上都是这个方式，大家都习惯和接受这个设计思路了，对于柱子范围内有不能停车的空白区域，也都习惯地认为地下停车库就该是那样的，柱间不能停车的空白区域都空着，没有任何功能。

是否可以思考一下，在这些柱网条件下还可以提高停车效率，停放更多的车呢？在土地资源越来越紧张的情况下，提高停车效率也越来越重要，正在引起广泛的重视。在地下车库的柱网设计中不应该仅采用惯性思维，只会沿用传统的车库柱网设计方式，而应该重新出发，对以往沿用的设计习惯，用创新的精神、科学研究的态度，进行进一步分析和研究，从结构的角度看看习惯采用的柱网设计方式是否还有改进的空间。

我们不妨来看看地面室外停车场的车位是如何布置的，从停车场的需求源头来重新思考一下，看看是否可以得到启发。

由于地面室外停车场场地内没有任何障碍物，当然不会像地下车库那样有柱子的遮挡，因此，无论是采用平行式、斜列式还是垂直式，车位一定是连续布置的，地面室外停车场仅需要在一定间距内预留出行车道即可，除此之外，停车位均可连续布置。由于地面室外停车场车位紧凑，车位之间不需要留出柱子的空间，也就没有被浪费的空间，车位一个接着一个地连续布置。（图 2.2.1）

图 2.2.1　地面停车场连续停车

那么，是否可以将连续停车这个概念用在地下车库的设计中呢？

地下车库与地上室外停车场最显著的不同就是，地下车库会有按照一定规律排布阵列的柱子，作为地下建筑的结构体系。地下车库一般为框架结构或框架剪力墙结构。由于有柱子的存在，制约和限制了地下停车库车位的布置。而不同的柱网布置方式，直接制约了地下车库的停车数量。那么，是否可以优化地下车库的柱网布置方式，使得地下车库在即使有柱子存在的情况下，仍能实现连续停车的概念呢？

根据上节分析，传统地下车库每个柱子间均有柱子宽度的空白区域不能停车，空白区域面积约占停车位面积的 15％且几乎全被浪费了。这个柱子之间空白区域的存在，是降低地下车库停车效率的主要原因。目前地下车库的设计思路，都是将车停在柱子之间，在柱子宽度范围内都不得不留出空白区域，在现有柱网和车位布置在柱间的理念下，已经基本上没有优化的空间了。

而地下车库连续停车概念，是通过研究结构柱子的设置部位，使所有车位均布置在柱子前面，也就是说，车位是连续布置的，柱子并不打断车位的布置。以此，避免或减少产生柱间无用的空白区域，从而实现连续停车的理念。这样，就可以按照建筑功能的要求，在满足消防功能的前提下，实现连续几十米甚至上百米不间断停车，从而提高停车效率。

这个理念的关键是设置可行的柱网体系，使得实现连续停车概念的同时，结构体系仍是安全、合理和经济有效的。

这样，通过结构工程师和建筑师的共同努力，就可以实现地下停车场的车位也能像在空旷的地面停车场那样连续停放，不被一根一根的柱子打断，从而提高地下车库的停车效率。

第 3 节　连续停车概念对结构设计的挑战

既然地下停车库连续停车的概念在地下停车库设计中这么有优势，那在，实际工程中如何实现呢？下面通过对几个常用柱网的分析，将连续停车的概念具体实施一下，看看在实际工程中这个理念是否可以实现，如何实现，具体实现时需要结构工程师对结构体系做哪些调整和改进措施。

1. 方案五 16m×8m 柱网，连续停车方式 1

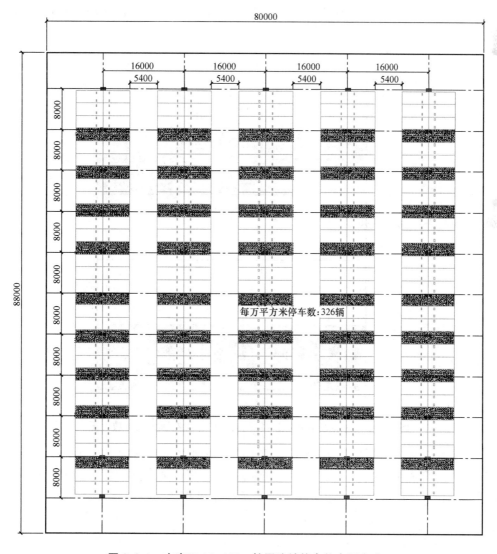

每万平方米停车数:326辆

图 2.3.1　方案五 16m×8m 柱网连续停车位布置方式 1

16m×8m柱网停车不被柱网打断，柱子方向保持不变，仍为结构合理的柱子布置方向，即：柱子的长方向尺寸1000mm为16m跨度方向，柱子的短方向尺寸800mm为8m跨度方向。

试算的具体数据如下：

柱网：16m×8m；

停车方式：连续停车方式1；

柱截面：1000mm×800mm；

车位尺寸：2.4m×5.3m；

停车数统计：图2.3.1、图2.3.2所示区域内停车数230辆，折合每万平方米停车数326辆；

车位利用效率：72%车位为2.4m×5.3m车位，28%车位被遮挡，无法停车；

优点：柱子较少，视觉通透；

缺点：跨度较大，梁截面较大，被柱子遮挡车位无法停车，连续停车的概念无法实现。

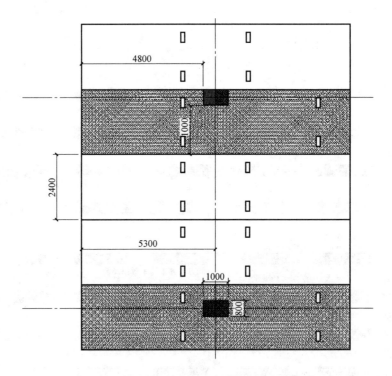

图2.3.2　方案五16m×8m柱网连续停车位布置方式1放大图

从图2.3.1和图2.3.2可以看出，为了保持结构布置的合理性，不改变柱子布置方式的情况下，要实现连续停车，几乎是不可能的。试图理论地用连续停车的概念布置一下，就会发现，如果采用这样的停车方式，那么被柱子遮挡的车位非常多，28%的车位被遮挡，折合每万平方米停车数为320辆。而传统停车方式（方案四16m×8m柱网），即每3个车位被一个柱子打断、柱间留空白区域的方式，折合每万平方米停车数为426辆。也就是说，保持柱子的长方向尺寸1000mm为16m跨度方向，柱子的短方向尺寸800mm为

8m 跨度方向这样的柱网情况下，实现连续停车，比传统的柱间停车的方式停车数量还要少。

显然，这说明，按照常规柱网方式布置柱子，即：柱子的长方向尺寸 1000mm 为 16m 跨度方向，柱子的短方向尺寸 800mm 为 8m 跨度方向，不能满足连续停车的要求。这种情况下，连续停车布置方式无法提高停车效率。

2. 方案六 16m×8m 柱网，连续停车方式 2

上面按传统设计方式布置的柱子无法实现连续停车的概念，那么，就改变一下思路，目的是使柱子的布置对停车位尽量少的产生遮挡。现在，将柱子的布置方向做一下改变，即：柱子的长方向尺寸 1000mm 布置为短跨 8m 跨度方向，柱子的短方向尺寸 800mm 布

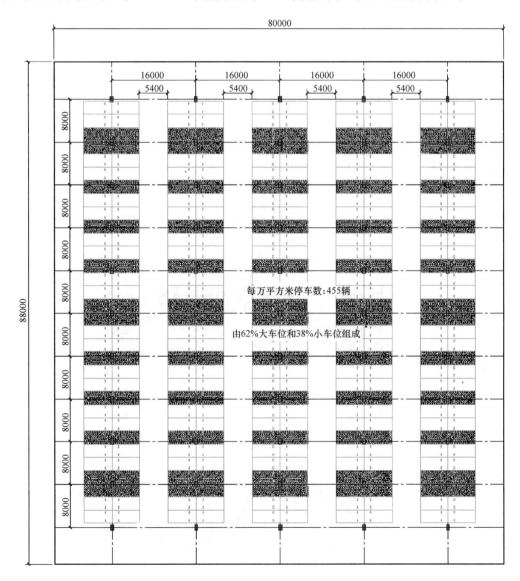

图 2.3.3　方案六 16m×8m 柱网连续停车位布置方式 2

37

置为长跨 16m 跨度方向。这样，改变了柱子布置方向，结构体系变为非常规结构布置方向，即较大跨度的 16m 跨方向为柱截面短边 800mm 的方向，而较小跨度的 8m 跨方向为柱截面长边 1000mm 的方向。

这样的结构设计，未按常规和合理的结构概念，即：在框架结构的设计中，框架柱截面长边方向为框架梁较大跨度方向，框架柱截面短边方向为框架梁较小跨度方向。在保证抗震设计中框架柱具有同样轴压比且保证抗震构造的情况下，框架柱截面长边方向为框架梁较小跨度方向，框架柱截面短边方向为框架梁较大跨度方向，这样的结构设计也是可行的。

虽然这样的结构设计不是按照理想的结构概念进行的设计，但结构概念是为建筑功能服务的，仅仅为了保持理想的结构概念，而未能为满足建筑功能的实现做贡献，那样，即使结构本身具有完美的概念，也不会在建筑设计这个综合建筑、结构、机电等各专业协调配合的综合设计中具有生命力。

试算的具体数据如下：

柱网：16m×8m；

停车方式：连续停车方式 2；

柱截面：800mm×1000mm；

车位尺寸：2.4m×5.3m 和 2.4m×4.9m 两种大、小车位；

停车数统计：图 2.3.3、图 2.3.4 所示区域内停车数 320 辆，折合每万平方米停车数 455 辆，由 2.4m×5.3m 大车位和 2.4m×4.9m 小车位组成；

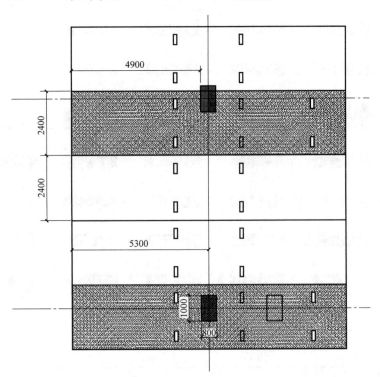

图 2.3.4　方案六 16m×8m 柱网连续停车位布置方式 2 放大图

车位利用效率：62％车位为 2.4m×5.3m 大车位；38％车位被柱子局部遮挡，为 2.4m×4.9m 小车位，但仍能使用；

优点：柱子较少，视觉通透，少数被柱子遮挡车位仍可使用；

缺点：跨度较大，梁截面较大，车位有大有小，不方便使用。

针对以上 16m×8m 柱网的传统柱间停车和两种连续停车设计方式，列表比较见表 2.3.1。

16m×8m 柱网传统柱间停车和两种连续停车设计比较　　　　表 2.3.1

	方案四 16m×8m 柱网 传统柱间停车方式	方案五 16m×8m 柱网 连续停车方式 1	方案六 16m×8m 柱网 连续停车方式 2
结构特点	常规柱子方向 柱子的长方向尺寸 1000mm 为 16m 跨度方向，柱子的短方向尺寸 800mm 为 8m 跨度方向	常规柱子方向 柱子的长方向尺寸 1000mm 为 16m 跨度方向，柱子的短方向尺寸 800mm 为 8m 跨度方向	非常规柱子方向 柱子的短方向尺寸 800mm 为 16m 跨度方向，柱子的短长方向尺寸 1000mm 为 8m 跨度方向
每万平方米停车数	426	326	455
停车数比	1	0.77	1.07
车位尺寸	2.4m×5.3m	2.4m×5.3m	2.4m×5.3m(62％) 2.4m×4.9m(38％)
柱截面	1000mm×800mm	1000mm×800mm	800mm×1000mm
优点	停车位较多	结构合理	停车位多
缺点	车位较小	车位数少	柱子布置非常规，车位有大有小

由表 2.3.1 的比较可以看出，方案六 16m×8m 柱网的连续停车方式 2，即柱子的短方向尺寸 800mm 为 16m 跨度方向，柱子的长方向尺寸 1000mm 为 8m 跨度方向，和连续停车方式 1 相比，即柱子的长方向尺寸 1000mm 为 16m 跨度方向，柱子的短方向尺寸 800mm 为 8m 跨度方向，每万平方米停车数由 326 辆提高到 455 辆，提高了 40％。可见，在采用常规柱子方向，即：柱子的长方向尺寸布置在较大跨度方向，柱子的短方向尺寸布置在较小跨度方向，这样布置的柱子不能满足连续停车概念的要求。

连续停车概念的成立，其前提必须打破传统的结构常规设计方式，需将柱子的长度方向转 90°，也就是需要将柱子的长方向尺寸布置在较小跨度方向，而将柱子的短方向尺寸布置在较大跨度方向，使得车位在长度方向不被柱子遮挡。

连续停车概念就是将传统"柱间停车"的概念转换为"柱前停车"的概念。可以这样理解，一旦所有的停车位都布置在柱子前面了，没有了柱子的遮挡，那连续停车也就自然而然地实现了，这种情况下，也就等同于地面停车一样，不用考虑柱子对车位的遮挡问题了。

用"柱前停车"这个思路再去看上面的方案六 16m×8m 柱网连续停车方式 2，可以看出，虽然已将传统的柱方向转了 90°，即由"柱子的长方向尺寸布置在较大跨度方向，柱子的短方向尺寸布置在较小跨度方向"调整成"柱子的长方向尺寸布置在较小跨度方向，柱子的短方向尺寸布置在较大跨度方向"，但由于柱子短方向的尺寸为 800mm，在连续停车时，柱子在 800mm 方向仍然占了停车区域，使得没有柱子的区域车位可以达到 2.4m×5.3m，而有柱子的车位由于柱子的遮挡，只能实现 2.4m×4.9m 的小车位。而且这样的比例还不少，在统计 1 万平方米的典型区域内可达 38％。在实际使用中，由于有两种不同大小的车位，而且大、小车位是由于连续停车时柱子带来的影响，大、小车位的出现是没有规律的，会给使用和管理带来不方便。或许，在最终的使用中，尽管建筑设计中实现了62％的2.4m×5.3m较大车位、38％ 2.4m×4.9m较小车位两种车位，使用方会采用统一的车位划分方式，也就是采用较小的车位尺寸2.4m×4.9m规划所有车位。这样，停车位总数是最大化的，而且便于车位的使用和管理，不至于因为大、小车位的无规律性而造成使用不方便和管理的混乱。这样的使用，优点是实现了连续停车，提高了停车效率，改变了柱间停车的概念，所有车位均在柱子的前面，使地下车库通透感增强。其不足是由于柱子影响，车位虽然可以满足停车要求，但尺寸较小。

和方案四16m×8m柱网传统柱间停车方式相比，方案六16m×8m柱网连续停车方式2的典型区域停车数由每万平方米426辆提高到了455辆，停车效率提高了7％。从前一节的分析看出，传统地下车库设计中柱间停车的方式，由于在每3辆车间均需设置一排柱子，每3个车位中都会有占3个车位15％面积的柱间空白区域无法避免，在这个条件限制下，想要提高停车效率，再多设置些车位，已几乎没有什么优化空间了。

通过转换思路，将地下车库设计中"柱间停车"的概念转换为"柱前停车"，实现"连续停车"的理念，使得停车效率提高了7％，这是个非常可观的数字。并且，无须通过增加地下室的面积和层数，无须增加多少土建造价，仅仅通过转换设计思路，调整结构设计理念，即可实现停车效率提高7％，这样的优化设计，是结构细化设计的方向，正是结构成就建筑之美所做的实实在在的工作。

第4节　结构设计实现连续停车

从上面方案六16m×8m柱网连续停车方式2可以看出，由于将"柱间停车"的概念转换为"柱前停车"，实现了"连续停车"。

这时，柱子的长方向尺寸1000mm布置在较小跨度方向，而将柱子的短方向尺寸800mm布置在较大跨度方向，但由于柱子短方向的尺寸为800mm，在连续停车时，柱子在800mm方向仍然占了停车区域，使得没有柱子的区域车位可以达到2.4m×5.3m，而有柱子的车位由于柱子的遮挡，只能实现2.4m×4.9m的小车位。那么，结构专业是否可以做进一步的努力，尝试将妨碍车位空间的柱子宽度800mm方向的截面做得更小呢？如果将柱子宽度800mm减小到600mm，每个车位就可以增加100 mm，车位尺寸达到2.4m×5.0mm，就不是较小车位，完全是正常车位的大小了。如果将柱子宽度800mm减小到500mm，每个车位就可以增加150 mm，车位尺寸达到2.4m×5.05mm，不仅是正常车位的大小，而且更加舒适了。

可以看出，由于将"柱间停车"转变为"柱前停车"，对于16m×8m柱网，柱子在16m跨度方向的截面，即柱子的宽度方向的尺寸是制约和限制车位大小的关键因素，同时，柱子在8m跨度的长度方向的截面尺寸对停车位的大小和数量没有影响了。因此，在满足地下车库抗震设计时的轴压比要求时，将柱子在16m跨度方向的截面尽量减小，而将柱子在8m跨度的长度方向的截面尺寸加大的方式，是将"柱间停车"转变为"柱前停车"，实现"连续停车"的关键因素。

下面介绍方案七16m×8m柱网，连续停车方式3。

　　将"柱间停车"转变为"柱前停车",停车不被柱网打断,实现连续停车。在方案六16m×8m 柱网连续停车方式 2 的基础上,做进一步努力,不仅仅要改变常规结构设计中的柱子布置方向,变为非常规结构布置方向,即框架柱截面长边方向为框架梁较小跨度8m 方向,框架柱截面短边方向为框架梁较大跨度 16m 方向,而且要更进一步,将柱子在遮挡车位方向的尺寸布置得更小,同时加大柱子在不遮挡车位方向的尺寸。方案七 16m×8m 柱网连续停车方式 3 的目的是最大限度地实现地下车库 16m×8m 柱网的连续停车理念,使得车位尺寸最大化,同时还要保证结构柱网方案的安全、可靠和可实施性。

　　具体设计数据如下:

　　柱网:16m×8m;

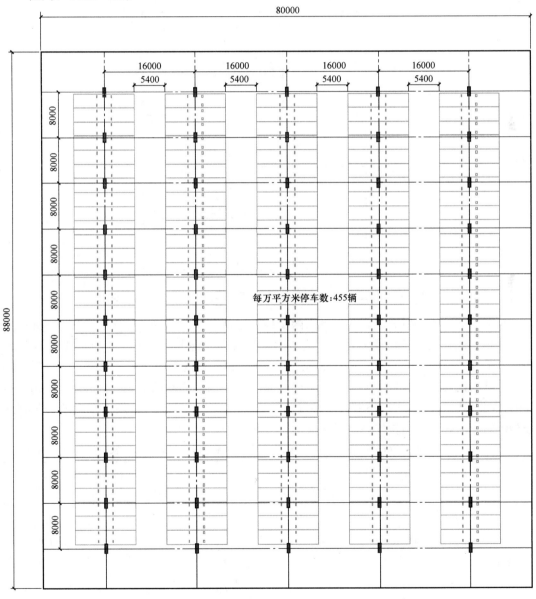

图 2.4.1　方案七 16m×8m 柱网连续停车位布置方式 3

停车方式：连续停车方式3；

柱截面：500mm×1650mm；

停车数统计：图2.4.1、图2.4.2所示区域内停车数320辆，折合每万平方米停车数455辆；

车位利用效率：100%车位可正常使用，车位柱子的布置完全不影响停车位；

车位尺寸：2.4m×5.3m 和2.4m×5.05m，为方便使用，可归并为统一车位2.4m×5.05m；

优点：视觉通透，柱前停车，柱子不遮挡车位，完全实现连续停车；

缺点：柱子截面 500mm×1650mm 不是结构设计常规布置方式。

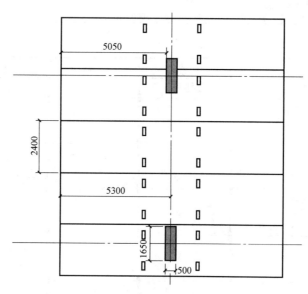

图2.4.2 方案七16m×8m柱网连续停车位布置方式3放大图

从上面的分析可以看出，为了最大限度地满足停车位的需要，方案七16m×8m柱网连续停车方式3是将连续停车方式2做了优化和改进。将占用车位尺寸的柱截面800mm调整成了500mm，这是16m×8m柱网满足抗震设计所需的最小截面，同时，为了保证同时满足轴压比要求，将柱子另一个方向的截面由1000mm调整成1650mm。可以看出，这样的柱网形式，是对16m×8m柱网传统柱网方式的很大改变，为了最大限度地满足建筑停车位的布置方式，结构体系做了很大的调整和妥协。

16m×8m柱网传统柱间停车方式和三种连续停车方式设计比较 表2.4.1

	方案四 16m×8m柱网传统柱间停车方式	方案五 16m×8m柱网连续停车方式1	方案六 16m×8m柱网连续停车方式2	方案七 16m×8m柱网连续停车方式3
结构特点	常规柱子方向 柱子的长方向尺寸1000mm 为 16m 跨度方向,柱子的短方向尺寸 800mm 为 8m 跨度方向	常规柱子方向 柱子的长方向尺寸1000mm 为 16m 跨度方向,柱子的短方向尺寸 800mm 为 8m 跨度方向	非常规柱子方向 柱子的短方向尺寸800mm 为 16m 跨度方向,柱子的长方向尺寸1000mm 为 8m 跨度方向	非常规柱子方向 柱子的短方向尺寸500mm 为 16m 跨度方向,柱子的长方向尺寸1650mm 为 8m 跨度方向

续表

	方案四 16m×8m 柱网 传统柱间停车方式	方案五 16m×8m 柱网 连续停车方式 1	方案六 16m×8m 柱网 连续停车方式 2	方案七 16m×8m 柱网 连续停车方式 3
每万平方 米停车数	426	326	455	455
停车数比	1	0.77	1.07	1.07
车位尺寸	2.4m×5.3m	2.4m×5.3m	2.4m×4.9m	2.4m×5.05m
柱截面	1000mm×800mm	1000mm×800mm	800mm×1000mm	500mm×1650mm
优点	常规柱网	车位大	停车位多	停车位多
缺点	车位数较少	车位数少	车位较小	结构柱非常规

从表 2.4.1 可以看出，方案七连续停车方案 3 和方案六连续停车方案 2 的停车位是最多的，在 16m×8m 柱网典型区域的研究中，每万平方米停车数量比方案四传统柱间停车方式从 426 辆提高到 455 辆，而且相对来说方案七连续停车方案 3 的车位尺寸 2.4m×5.05m，比方案六连续停车方案 2 的车位尺寸 2.4m×4.9m 更加合理。方案六……2、方案七……3 将传统"柱间停车"改变为"柱前停车"的方式，实现了连续停车。

方案七连续停车方式 3 和方案六连续停车方式 2，比常规设计中采用柱间停车方式的方案四提高 7% 的停车效率。在不增加地下室面积和层数的情况下，通过柱网的优化和结构设计的修改，使地下车库的停车效率提高 7%，这对于大城市的地下停车库设计是个非常可观的数字，对于节地、节材、节能也有着重大的意义。

同时可以看出，方案七连续停车方式 3 的柱网设计为非常规设计中采用的柱网和柱子方向，颠覆了传统结构设计中采用的方式，即在框架柱截面长边方向为框架梁较大跨度方向，在框架柱截面短边方向为框架梁较小跨度方向。而是采用相反的方式，即在框架柱截面长边方向为框架梁较小跨度方向，在框架柱截面短边方向为框架梁较大跨度方向。这样的设计方式一般来说不是常规结构设计理念，没有建筑需求时，结构工程师不会主动采纳此方案。

在地下车库的设计中，建筑师和结构工程师都可以思考一下，如何突破现有的固定思维模式和设计瓶颈，相互配合，最大限度地参与到提高地下车库停车效率的设计中来，在建筑师和结构工程师的共同努力下，做出切实的努力和创新，为地下车库的设计提供一个新的思路。

第5节 工程实例分析

北京大兴荟聚购物中心工程，地下 3 层，地下 25 万 m²，地上 4 层（局部 5 层），总建筑面积 50 万 m²。现浇钢筋混凝土框架结构，大型弧线造型采光天窗为钢屋盖。抗震设防烈度 8 度，抗震设防类别为乙类，基本地震加速度 0.2g，设计地震分组第一组。建筑场地土类别 II 类。开工日期 2011 年 12 月 28 日，竣工日期 2014 年 8 月 10 日。钢筋总用量 64457t，折合 126.8kg/m²；混凝土总量约 32.46 万 m³，折合 0.64m³/m²；钢结构总用量 7240t，折合 14.23kg/m²。

地下室采用 16m×8m 柱网，柱子采用 1650mm×600mm 的扁柱，实现建筑要求的连续停车概念，也就是不像传统地下车库那样，每个柱子间均有柱子宽度的空隙不能停车，停车效率不高，而是通过设置结构扁柱子，车子均停在柱子前面，使停车不被柱子打断，从而可以按照建筑要求几十米不间断连续停车。

通过实现连续停车的概念，成功地比常规地下车库设计多停车 7％，而且从用钢量和用混凝土量来看和常规柱网相比，并没有增加。2016 年初坐落于北京大兴的荟聚购物中心获得吉尼斯世界纪录官方认证，总共地下三层的停车场以 6652 个车位数量荣获"最大地下停车场"吉尼斯世界纪录称号，载入史册。（图 2.5.1～图 2.5.8）

图 2.5.1　北京大兴荟聚购物中心

图 2.5.2　北京大兴荟聚购物中心

图 2.5.3　北京大兴荟聚购物中心

图 2.5.4　北京大兴荟聚购物中心

图 2.5.5　北京大兴荟聚购物中心

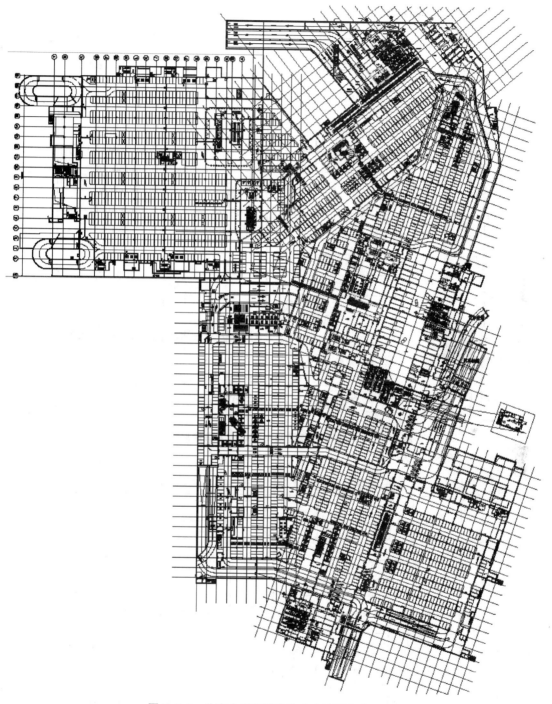

图 2.5.6　北京大兴荟聚购物中心地下车库平面

　　地下车库连续停车，改变停车方式，把将车停在柱子之间改变为将车停在柱子前面。从"柱间停车"改为"柱前停车"，连续停车方式取消了传统停车方式中柱子之间空白面积，有效地避免了传统停车方式中每 3 辆车必须有 1 个约 $6m^2$ 的柱间无用面积。地下车库连续停车的柱网布置中，结构专业在柱网布置中的重大改变就是改变了柱子布置方向，将

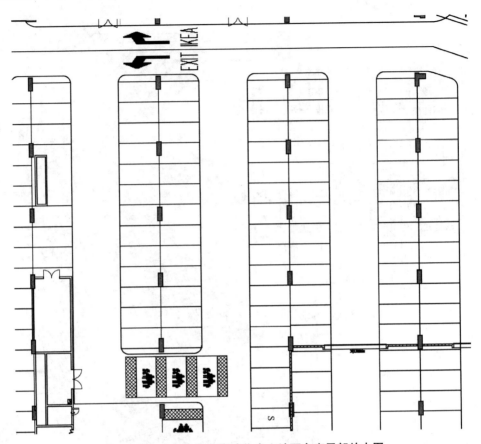

图 2.5.7　北京大兴荟聚购物中心地下车库局部放大图

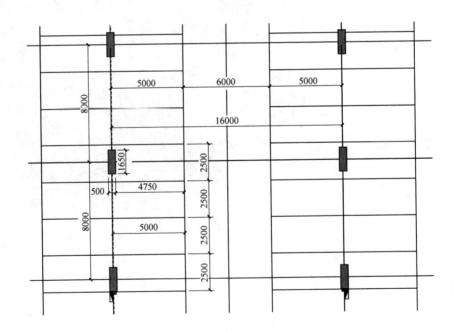

图 2.5.8　北京大兴荟聚购物中心地下车库车位放大图

柱网改变为非常规结构布置方向，即较大跨度的 16m 跨方向为柱子截面短边的方向，而较小跨度的 8m 跨方向为柱子截面长边方向。而且做了更进一步的研究，将车位后面的柱子尺寸进行了最小化设计，使得柱子在 16m 跨度方向的截面尺寸仅用了 500mm 的尺寸。所有这一切的努力，才实现了地下车库的连续停车，使得停车位的效率最大化。

具体数据如下：

柱网：16m×8m；

柱截面：500mm×1650mm；

车位尺寸：2.5m×4.75m；

车位利用效率：100% 车位可正常使用，柱子方向不影响停车位的设置。

经计算可知这种连续停车的方式，车位比传统停车方式，即：柱间停 3 辆车的方式，每万平方米多停车 29 辆，即提高 7% 的停车数（图 2.5.9）。积少成多，集腋成裘，提高的停车数对于面积达 25 万 m² 的地下车库来说，总体提高车位数就很可观了。这对于寸土寸金的北京市，产生的节地效益非常高。若能推广这种设计理念，在不增加多少建设成本的情况下，净提高地下停车库的停车位。而且，从长远来看，节约的土地资源用造价是无法衡量的。这种从系统和设计理念上对传统地下车库柱网的变革的思路，应该是优化设计的一个方向。

图 2.5.9　北京大兴荟聚购物中心地下车库实现连续停车

第3章　超长建筑的结构设计及工程实例分析

第1节　超长建筑的特点

近年来,随着城市的发展以及农村城市化进程的迅速发展,体型复杂而且超长、超大的建筑越来越多的出现。建筑师对建筑环境、建筑立面以及建筑功能的完美要求程度越来越高,建筑造型百花齐放、体型变化多端。在这同时,在几年或十几年前常用的简单、单一、长度较短的建筑体型已满足不了需求。目前,大量造型复杂、平面尺寸超长、有特殊功能且不能设缝分为两个或几个独立结构单元的工程越来越多(图3.1.1、图3.1.2)。这与现行的混凝土规范中要求设置伸缩缝的长度限值出现了矛盾。

图 3.1.1　中国红岛国际会议展览中心

一方面,钢筋混凝土结构超长建筑物越长,其由于气候温度变化而产生的热胀、冷缩越大,或结构构件越长,产生的热胀、冷缩的总变形量就越大,引起的结构构件内应力也越高,当构件内应力超过混凝土抗拉强度时就会产生结构裂缝或破坏;另一方面,混凝土结构施工期间,在混凝土产生硬化的过程中因体积减小而产生收缩,普通静定结构混凝土可以自由伸缩,而实际工程中多为超静定结构,其内部的构件因为变形被结构构件约束而引起混凝土构件收缩拉应力,建筑物越长,这些拉应力累积得就越多,当构件内的拉应力超过混凝土抗拉强度时,便会使结构构件出现裂缝,这是混凝土材料自身性能所决定的原因。

图 3.1.2 安徽广播电视新中心

建筑伸缩缝的构造，就是人为地在建筑内部设置的结构伸缩缝，将建筑物的长度方向分为较小长度结构单元，从而减小超长结构温度应力以及施工过程中混凝土收缩的不利影响。伸缩缝设置位置的原则是应设置在满足建筑功能、造型、立面要求的部位，或是设置在对建筑功能、造型、立面影响较小的部位。

现行《混凝土结构设计规范》对钢筋混凝土结构的建筑物设置伸缩缝的间距有明确的要求和规定：

《混凝土结构设计规范》GB 50010—2010 第 8.1.1 条（表 8.1.1）确定了钢筋混凝土结构伸缩缝的最大间距，见表 3.1.1。

钢筋混凝土结构伸缩缝最大间距（m）   表 3.1.1

结构类别		室内或土中	露天
排架结构	装配式	100	70
框架结构	装配式	75	50
	现浇式	55	35
剪力墙结构	装配式	65	40
	现浇式	45	30
挡土墙、地下室墙壁等类结构	装配式	40	30
	现浇式	30	20

注：1 装配整体式结构的伸缩缝间距，可根据结构的具体情况取表中装配式结构与现浇式结构之间的数据；
　　2 框架-剪力墙结构或框架-核心筒结构房屋的伸缩缝间距，可根据结构的具体情况取表中框架结构与剪力墙结构之间的数据；
　　3 当屋面无保温或隔热措施时，框架结构、剪力墙结构的伸缩缝间距宜按表中露天栏的数据取用；
　　4 现浇挑檐、雨罩等外露结构的局部伸缩间距不宜大于12m。

《混凝土结构设计规范》GB 50010—2010 还规定，对下列情况，表 3.1.1 中的伸缩缝最大间距宜适当减小：

1 柱高（从基础顶面算起）低于8m的排架结构；

2 屋面无保温、隔热措施的排架结构；

3 位于气候干燥地区、夏季炎热且暴雨频繁地区的结构或经常处于高温作用下的结构；

4 采用滑模类工艺施工的各类墙体结构；

5 混凝土材料收缩较大、施工期外露时间较长的结构。

《砌体结构设计规范》GB 50003—2011（表 6.5.1）对于砌体结构伸缩缝间距作如下规定（表 3.1.2）：

砌体房屋伸缩缝的最大间距（m）　　　　　　　　　　　　　　　表 3.1.2

屋盖或楼盖类别		间距
整体式或装配整体式钢筋混凝土结构	有保温层或隔热层的屋盖、楼盖	50
	无保温层或隔热层的屋盖	40
装配式无檩体系钢筋混凝土结构	有保温层或隔热层的屋盖、楼盖	60
	无保温层或隔热层的屋盖	50
装配式有檩体系钢筋混凝土结构	有保温层或隔热层的屋盖	75
	无保温层或隔热层的屋盖	60
瓦材屋盖、木屋盖或楼盖、轻钢屋盖		100

注：1 对烧结普通砖、烧结多孔砖、配筋砌块砌体房屋，取表中数值；对石砌体、蒸压灰砂普通砖、蒸压粉煤灰普通砖、混凝土砌块、混凝土普通砖和混凝土多孔砖房屋，取表中数值乘以 0.8 的系数，当墙体有可靠外保温措施时，其间距可取表中数值；

2 在钢筋混凝土屋面上挂瓦的屋盖应按钢筋混凝土屋盖采用；

3 层高大于 5m 的烧结普通砖、烧结多孔砖、配筋砌块砌体结构单层房屋，其伸缩缝间距可按表中数值乘以 1.3；

4 温差较大且变化频繁地区和严寒地区不采暖的房屋及构筑物墙体的伸缩缝的最大间距，应按表中数值予以适当减小；

5 墙体的伸缩缝应与结构的其他变形缝相重合，缝宽度应满足各种变形缝的变形要求；在进行立面处理时，必须保证缝隙的变形作用。

结构设计面临的现实问题是现行规范对伸缩缝最大间距的要求，对于一些有特别要求的超长建筑物无法实现。也就是说，对于许多大型建筑来说，现实情况与现行规范中设置伸缩缝的长度限值出现了较大的矛盾。这些大型建筑物如果按规范中规定的最大间距设置伸缩缝，无法满足建筑专业对结构专业的要求，按照规范要求的间距设置结构伸缩缝会造成对建筑外立面的影响、对建筑功能的影响、对建筑防水效果的影响、对设备布置的影响。因此，对于超长建筑物结构是否分缝、如何分缝以及分缝实施时如何满足结构规范对伸缩缝间距最大限值的规定，是结构工程师需要和建筑师共同配合、共同成就更好建筑的重要课题。

那么，如果超长建筑物不设结构伸缩缝，或在超长建筑物中加大结构伸缩缝设置间距的危害是什么呢？由于混凝土的抗拉能力低、韧性较差，在混凝土施工过程和养护过程中容易收缩，因此，超长结构会产生由施工时混凝土收缩引起的收缩裂缝和使用时由于温度变化建筑物热胀、冷缩引起的温度裂缝。当这些裂缝产生时，会带来建筑物不可逆的破坏。对于临土或临水的构件，过大的裂缝宽度还会引起结构自防水的失效，严重时会将建筑防水材料拉坏，进而造成建筑物整体防水系统失效而产生渗漏，不利于建筑物的正常使用并带来安全隐患。

当混凝土结构的裂缝宽度达到一定程度时，对建筑物的危害是非常大的。在北方地区，结构的混凝土裂缝还会产生冰冻的影响。混凝土结构一旦产生裂缝，水分便会通过裂缝的细小缝隙渗入结构中，当温度降到冰点以下时，水分子会凝结成冰，结冰后的水分子体积会膨胀约 9%，导致混凝土结构裂缝边缘的散裂，冰冻融化循环一次，这种结构裂缝边缘的散裂就发生一次，随着反复冰冻融化的循环，结构裂缝边缘的裂缝就会逐渐加宽。同时，混凝土裂缝还会造成钢筋的锈蚀。由于混凝土收缩产生了裂缝，常常成为空气、水分及其他侵蚀介质的通道，使得混凝土结构中的钢筋暴露在空气、水分以及其他侵蚀介质之中，一定时间后，便会使混凝土结构中的钢筋产生锈蚀。混凝土结构中锈蚀的钢筋削弱了钢筋的截面积，这对于结构中的受力钢筋来说，尤其是对于高强钢丝来说，因其表面积大而截面积小，锈蚀对其危害更加显著。混凝土结构中裂缝的产生使钢筋锈蚀，而钢筋锈蚀的发展又促进了裂缝的扩展。如此造成的恶性循环，最终导致混凝土保护层完全脱落，致使混凝土结构中的钢筋失去抵抗锈蚀的保护，给结构安全带来很大的危害。钢筋混凝土结构产生裂缝影响构件的耐久性和正常使用功能，后果是会使结构难以到达设计使用年限。

因此，对于超长建筑物的设计，需要结构工程师解决的现实问题是：通过有效的技术手段，在不设置结构伸缩缝或加大规范规定的结构伸缩缝设置间距限值的情况下，仍然能满足结构设计的要求，保证混凝土楼面和屋面能够正常使用，不产生超过规范规定允许裂缝宽度，并满足结构耐久性要求和达到设计使用年限。

第 2 节　超长建筑的结构设计对建筑的影响

那么，结构设计中如何考虑才能既满足建筑功能对超长结构的需求，又能满足规范以及结构设计对正常使用和结构安全的要求呢？

《混凝土结构设计规范》GB 50010—2010 对于结构伸缩缝最大间距可加大的条件也做出了规定。《混凝土结构设计规范》GB 50010—2010 第 8.1.3 条指出：如有充分依据，对下列情况，表 3.1.1 中的伸缩缝最大间距可适当增大；

1　采取减小混凝土收缩或温度变化的措施；

2　采用专门的预加应力或增配构造钢筋的措施；

3　采用低收缩混凝土材料，采取跳仓浇筑、后浇带、控制缝等施工方法，并加强施工养护。

当伸缩缝间距增大较多时，尚应考虑温度变化和混凝土收缩对结构的影响。

从上面的规范条文可以看出，规范规定："如有充分依据"，对采取规范给定的措施条件下，表 3.1.1 中的伸缩缝最大间距可适当增大。下面具体分析一下，在超长结构不设伸缩缝或增大伸缩缝设置间距常用的设计手段，并研究采取这些结构措施会对建筑设计产生什么影响。

1. 设置结构后浇带

目前，对于超长建筑物设置结构后浇带，是结构设计人员通常使用的一种减少混凝土以收缩为主的变形的普遍方法。设置结构后浇带的作用是释放早期混凝土的收缩应力。因为混凝土早期的收缩量较大，所以这是一种行之有效的措施。结构后浇带是结构施工措施，当后浇带封闭以及施工完成后，对于建筑物的外观不会产生影响。需要注意的是，对于地下室底板、地下室外墙、地下室有覆土的顶板等有迎水面的结构构件，对于混凝土结构设置后浇带区域，除结构专业需采取构造加强措施外，还需要建筑专业配合采取防水构造加强措施，这些措施都是附加在迎水（土）面的，不影响建筑外观。

(1) 结构后浇带的设计要求

当钢筋混凝土现浇结构的平面尺寸较大时，可通过设置后浇带，将整体平面分成数段。后浇带的设置间距可参照《混凝土结构设计规范》钢筋混凝土结构伸缩缝最大间距取用，设计中一般框架结构室内或土中间距取 55m 左右，露天结构间距取 35m 左右；剪力墙结构室内或土中间距取 45m 左右，露天结构间距取 30m 左右；框架剪力墙结构可按框架结构和剪力墙结构之间的数值取用。大量的工程实例表明，在加强水灰比控制和严格施工养护后，后浇带设置间距将上面数值增大 10～15m 也是没有问题的。

结构后浇带的位置宜设置在结构剪力较小的梁、板的跨中区域，其宽度一般为800～1000mm。

结构后浇带一般分为沉降后浇带和收缩后浇带。

沉降后浇带：主要用于减小施工期间地基不均匀沉降对结构的不利影响，同时也兼作收缩后浇带。沉降后浇带的作用为调整结构不均匀沉降，后浇带中的混凝土应在两侧结构单元沉降基本稳定后，根据沉降观测记录，再进行浇筑封闭。

收缩后浇带：主要用于减小施工期间混凝土初期收缩及温度应力。应在其两侧混凝土龄期达到 45d 以后封闭，以释放混凝土施工时产生的温度应力和收缩应力。

后浇带的具体设计应考虑施工时的接缝处的处理，可采用以下构造加强措施：

后浇带处梁：受力钢筋不断开，并适当附加纵向受力钢筋，箍筋间距在该跨采取全长加密；

后浇带处墙和板：钢筋宜采取断开搭接的方式，以便在后浇带两侧的混凝土各自自由收缩。

对于二次浇筑的后浇带，混凝土强度等级应提高一个级别予以加强。后浇带设置的位置应从受力影响较小的部位通过，如梁板的三分之一跨度处、门窗洞口连梁跨中处等。有条件时，采用设置转弯曲折通过的方式，以免全部钢筋在同一部位内搭接。另外，后浇带在其龄期内以产生拉应力为主，易造成接缝处开裂，因而可采用添加微膨胀剂的补偿收缩混凝土浇筑。

后浇带板厚、墙厚、梁高范围，施工根据各自采用模板情况，留出槽齿，使新老混凝土咬接，并能传递剪力。施工应采取有效措施，既防止漏浆，又能使新老混凝土接缝密实。

后浇带两侧的梁板支撑需采取有效支撑，施工单位要进行必要的计算，保证足够的支撑数量和强度，并且在后浇带混凝土未达到设计强度以前不得随意拆除，确保施工安全。后浇带处的梁、板、墙钢筋应照常贯通设置，应采取措施防止后浇带内掉落垃圾，并应清理后浇带内掉落的垃圾，以及对后浇带内的钢筋采取防锈或除锈措施。后浇带浇筑混凝土前，应清除浮浆、松动石子、松软混凝土表层，并将结合面处洒水湿润，但不得积水。封闭后浇带的混凝土应采用比两侧混凝土强度等级高一级的补偿收缩混凝土浇灌密实，并加强养护，确保接缝完好。后浇带浇筑后其养护时间不应少于 28d。

（2）设置结构后浇带的缺点

后浇带的设置可以有效解决施工期间地基不均匀沉降，减小施工期间混凝土初期收缩及温度应力，而且设置后浇带已是非常常规的结构措施。但同时后浇带的使用，也带来一系列质量和施工问题。后浇带的不足和局限性主要有以下几个方面。

1）后浇带内的清理工作很难做

后浇带在未封闭前都是开敞的，虽然可以设置防护围栏和进行表面覆盖，但后续施工工序对后浇带接缝处产生的垃圾污染是难以避免的，清理这个部位的垃圾十分困难，而不彻底清理后浇带接缝内的垃圾又会对工程结构的施工质量带来很大的影响。由于后浇带处的钢筋有可能在后续施工中被踩踏变形，在施工工作面狭小的空间中将这些钢筋恢复到原设计形状会比较困难，但若没能将钢筋恢复到设计要求的位置和形状，就会使该节点不满足设计要求，给结构安全留下隐患。施工单位需对采用结构后浇带的施工工艺充分认识，有针对性地采取切实有效的措施，将后浇带内的杂物和垃圾清理干净，才能保证施工质量。

2）后浇带是施工缝

后浇带是人为设置的施工缝，需要二次浇筑，由于施工或养护不到位等因素的影响，后浇带自身也较容易产生裂缝，而且还容易在后浇带缝处产生开裂，对于地下室结构的迎水面，还存在着渗水的风险。也就是说，如果在 35～40m 范围内设置后浇带，就意味着在 35～40m 范围内有两道施工缝，这个施工缝的总量在整个工程内的总量占比还是很大的。只要是施工缝，就存在着二次浇筑施工出现质量问题，会有产生裂缝的风险。后浇带设置得越多，产生裂缝的风险就越大。

从总体设计概念上来说，后浇带只是结构施工期间的施工措施，当后浇带封闭并结构竣工后，结构后浇带对建筑外观不产生任何影响。通常的设计过程中，建筑师不会关注后浇带的设置位置，结构工程师也不会和建筑师商量后浇带的位置，都是根据结构设计的需要自行确定后浇带的位置。

但仅根据结构专业的要求位置设置后浇带合理吗？后浇带位置真的对建筑没有影响吗？更进一步思考一下就会发现，虽然后浇带是结构专业的技术措施，但它确实会对建筑有潜在的影响和产生裂缝的风险。应该说，同样部位，设置后浇带和不设置后浇带，其产生裂缝的风险是不同的。一道后浇带就会和两侧结构有两道施工缝，二次浇筑的后浇带从某种意义上来说，存在着自身开裂以及和两侧结构浇筑结合产生裂缝的风险。一旦设置后浇带，这些潜在的风险就是存在的，后浇带设置得越多，这些潜在的风险可能发生的概率就越大。从许多工程实例可以看出，后浇带往往是后期裂缝产生的主要部位。后浇带处裂缝的产生都会对建筑的使用功能带来或多或少的影响。

为提高后浇带混凝土的微膨胀抗裂性能，可对后浇带混凝土及其原材料采取以下措施：

① 混凝土强度相应提高一级，混凝土中加入相当于水泥用量 6%～10% 的起膨胀作用的外加剂；

② 选用有利于抗拉性能的混凝土级配，降低水灰比；

③ 混凝土中增加磨细掺合料粉煤灰，控制其掺量；

④ 将粗骨料的级配控制在接近级配曲线的下限或调配达到最大紧密度，改善混凝土

的和易性，增加其密实度，保证混凝土自身的防水性能，确保混凝土的浇筑质量；

⑤ 控制混凝土坍落度；

⑥ 加强混凝土的养护，养护时间越长，养护环境的湿度越高，混凝土的收缩越少。

总之，混凝土配合比应该以试验确定，最大限度地减小用水量、减少水泥用量，从而减少混凝土的收缩，提高混凝土的工作性能、密实性能和耐久性能。

3）地下室设置后浇带或需采取降水措施

对于地下室结构，后浇带填充前，整体结构是属于敞口的未封闭状态，地下室底板、地下室外墙、地下室顶板（有覆土顶板）始终处于迎水的状态。当地下水位较高时，在后浇带封闭前一直需要配合采取降水措施，避免地下水进入地下室建筑内部。在地下室后浇带未封闭的全部时段内均需采用降水措施进行降水，这无疑会增加施工措施的费用，尤其对于地下水位较高，地下室层数较多的工程，会较大幅度增加整个建筑的建造成本。

4）后浇带处需要额外设置支撑

由于有结构后浇带的存在，后浇带处的支撑系统要等到后浇带内二次浇筑混凝土完毕并达到龄期后才能拆除。后浇带混凝土浇筑前，如果两侧支撑做不到位，或支撑未达到设计强度提前拆除，两侧结构长期处于悬臂受力状态，会使两侧的梁、板构件受力性能和设计考虑的状态发生改变，结果可能造成构件开裂，使结构承载能力下降而影响以后结构安全。支撑系统长时间不拆除，直接影响了结构施工的工作空间和施工通道，会不同程度影响施工的开展，影响施工进度。

5）后浇带留设位置的随意性

所谓"结构后浇带"，重点是有"结构"两个字，是由结构设计确定的，后浇带在建筑图上并不表示。一般都是结构工程师考虑到结构合理性，根据后浇带间距要求，确定的后浇带位置。在确定后浇带位置时，大多并未和建筑专业确认这个位置是否对于建筑专业以及其他专业合理。需要特别指出的是，在确定后浇带位置时，结构专业可以将工作做得更细致一些，这时不只考虑结构因素的影响，按照结构专业的需要布置后浇带位置，同时还应将建筑、设备等专业的综合因素进行全面考虑。对于潮湿、有水点的房间、设备用房、变电站、人防用房等对结构楼板裂缝及漏水风险会带来较大隐患的房间，应特别关注，尽量避免结构后浇带的穿过，以免重要防水设防房间处于后浇带部位，会有产生裂缝的风险并叠加漏水风险。

6）后浇带对室外回填工作带来不便

在地下结构中，由于后浇带的开敞，在后浇带未封闭前，室外回填土无法回填，对回填工作的开展带来不便。同时，因地下室外墙被分成相互独立的若干块，改变了结构设计本身的受力性能，使得施工期间地下室结构抵抗水平力的能力有所降低。

7）后浇带不能解决超长建筑竣工后使用期间的温度应力问题

沉降后浇带主要用于减小施工期间地基不均匀沉降对结构的不利影响，同时也兼作收缩后浇带。沉降后浇带的作用是调整结构不均匀沉降，后浇带中的混凝土应在两侧结构单元沉降基本稳定后，根据沉降观测记录，再进行浇筑封闭。

收缩后浇带主要用于减小施工期间混凝土初期收缩及温度应力。应在其两侧混凝土龄期达到45d以后封闭，以释放混凝土施工时产生的温度和收缩应力。

可见，当后浇带封闭以及竣工后，超长建筑的长度即为未设置伸缩缝的长度，也就是说，后浇带对于使用期间超长建筑温度应力的释放已无帮助了，还需要采用其他措施解决使用期间超长建筑抵抗环境温度的变化，尽可能地减小由于温度应力产生的裂缝。

因此，防止超长混凝土构件产生裂缝是个综合性的问题，通过设置后浇带来防止混凝土产生收缩裂缝是可行的，但不是万能的，对超长建筑还应该一并采取其他有效措施。

2. 补偿收缩混凝土的应用

在超长建筑的结构设计中采用补偿收缩混凝土，减少或消除混凝土收缩裂缝，提高混凝土结构的防水性能，提高结构自身抗裂性能，控制裂缝开展，保证工程质量。同时，在一些超长工程中因地下水位较高，无法设置后浇带或设置后浇带比较困难时，采用补偿收缩混凝土便成为一项很重要的裂缝控制措施。

(1) 补偿收缩混凝土的设计要求

补偿收缩混凝土是由膨胀剂或膨胀水泥配制的自应力为 0.2～1.0MPa 的混凝土，补偿收缩混凝土应用的目的就是利用膨胀剂补偿收缩混凝土在硬化过程中的膨胀作用，从而把混凝土裂缝宽度控制在规范规定的范围内。目前，我国的补偿收缩混凝土主要用于结构自防水、填充性膨胀混凝土工程、延长建筑物伸缩缝或后浇带间距的连续浇筑的钢筋混凝土工程以及大体积的混凝土工程。

采用补偿收缩混凝土实现超长建筑不设伸缩缝或延长伸缩缝设置间距的目的。具体技术措施是通过在结构预设的后浇带部位浇筑补偿收缩混凝土膨胀加强带，减少或取消后浇带和伸缩缝、延长构件连续浇筑长度。膨胀加强带可分为连续式、间歇式和后浇式三种。连续式膨胀加强带是指膨胀加强带部位的混凝土与两侧相邻混凝土同时浇筑；间歇式膨胀加强带是指膨胀加强带部位的混凝土与一侧相邻的混凝土同时浇筑，而另一侧是施工缝；后浇式膨胀加强带与常规后浇带的浇筑方式相同。

补偿收缩混凝土宜用于混凝土结构自防水、工程接缝填充、采取连续施工的超长混凝土结构、大体积混凝土等工程。以钙矾石作为膨胀源的补偿收缩混凝土，不得用于长期处于环境温度高于 80℃ 的钢筋混凝土工程。补偿收缩混凝土的限制膨胀率见表 3.2.1。

补偿收缩混凝土的限制膨胀率　　　　　　　　　　　表 3.2.1

用途	限制膨胀率(%)	
	水中 14d	水中 14d 转空气中 28d
用于补偿混凝土收缩	≥0.015	≥−0.030
用于后浇带、膨胀加强带和工程接缝填充	≥0.025	≥−0.020

补偿收缩混凝土的抗压强度应满足下列要求：

1) 对大体积混凝土工程或地下工程，补偿收缩混凝土的抗压强度可以标准养护 60d 或 90d 的强度为准；

2) 除对大体积混凝土工程或地下工程外，补偿收缩混凝土的抗压强度应以标准养护 28d 的强度为准。

补偿收缩混凝土的设计取值应符合下列规定：

1) 补偿收缩混凝土的设计强度等级应符合现行国家标准《混凝土结构设计规范》GB

50010 的规定。用于后浇带和膨胀加强带的补偿收缩混凝土的设计强度等级应比两侧混凝土提高一个等级。

2）限制膨胀率的设计取值应符合表 3.2.2 的规定。使用限制膨胀率大于 0.060% 的混凝土时，应预先进行试验研究。

限制膨胀率的设计取值   表 3.2.2

结构部位	限制膨胀率（%）
板梁结构	≥0.015
墙体结构	≥0.020
后浇带、膨胀加强带部位	≥0.025

3）限制膨胀率的取值应以 0.005% 的间隔为一个等级。

4）对下列情况，表 3.2.2 中的限制膨胀率取值宜适当增大：

① 强度等级大于等于 C50 的混凝土，限制膨胀率宜提高一个等级；

② 约束程度大的桩基础底板等构件；

③ 气候干燥地区、夏季炎热且养护条件差的构件；

④ 结构总长度大于 120m；

⑤ 屋面板；

⑥ 室内结构越冬外露施工。

从表 3.2.2 中的数据可以看出，在同一结构中，由于不同部位的约束程度和收缩应力不同，其限制膨胀率的设计取值也不相同，如：墙体结构与梁板结构相比，约束程度较高，而养护条件相对较差，故其限制膨胀率取值相对较高。同时，相对较大的限制应该用较大的限制膨胀率进行补偿，所以后浇带、膨胀加强带的限制膨胀率取值是最大的，比墙体结构和板梁结构都大；另外，对于强度等级大于等于 C50 的混凝土、约束程度较大的桩基础底板、结构总长度大于 120m、气候干燥地区、夏季炎热且养护条件差等环境相对湿度低、收缩变形大的部位，限制膨胀率取值均有适当提高。

大体积、大面积及超长混凝土结构的后浇带可采用膨胀加强带的措施，并应符合下列规定：

1）膨胀加强带可采用连续式、间歇式或后浇式等形式（图 3.2.1～图 3.2.3）；

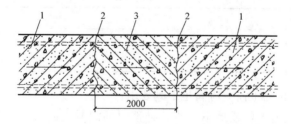

图 3.2.1 连续式膨胀加强带

1—补偿收缩混凝土；2—密孔钢丝网；3—膨胀加强带混凝土

2）膨胀加强带的设置可按照常规后浇带的设置原则进行；

3）膨胀加强带宽度宜为 2000mm，并应在其两侧用密孔钢（板）丝网将带内混凝土与带外混凝土分开；

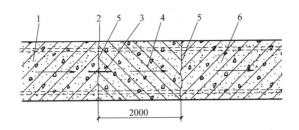

图 3.2.2　间歇式膨胀加强带

1—先浇筑的补偿收缩混凝土；2—施工缝；3—钢板止水带；4—后浇筑的膨胀加强带混凝土；

5—密孔钢丝网；6—与膨胀加强带同时浇筑的补偿收缩混凝土

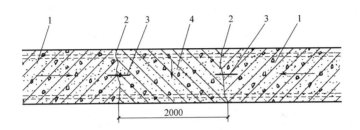

图 3.2.3　后浇式膨胀加强带

1—补偿收缩混凝土；2—施工缝；3—钢板止水带；4—膨胀加强带混凝土

4）非沉降的膨胀加强带可在两侧补偿收缩混凝土浇筑 28d 后再浇筑，大体积混凝土的膨胀加强带应在两侧的混凝土中心温度降至环境温度时再浇筑。

补偿收缩混凝土的浇筑方式和构造形式应根据结构长度，按表 3.2.3 进行选择。膨胀加强带之间的间距宜为 30～60m。强约束板式结构宜采用后浇式膨胀加强带分段浇筑。

补偿收缩混凝土浇筑方式和构造形式　　　　　　　　　表 3.2.3

结构类别	结构长度 L(m)	结构厚度 H(m)	浇筑方式	构造形式
墙体	$L \leqslant 60$	—	连续浇筑	连续式膨胀加强带
	$L > 60$	—	分段浇筑	后浇带式膨胀加强带
板式结构	$L \leqslant 60$	—	连续浇筑	—
	$60 < L \leqslant 120$	$H \leqslant 1.5$	连续浇筑	连续式膨胀加强带
	$60 < L \leqslant 120$	$H > 1.5$	分段浇筑	后浇带式、间歇式膨胀加强带
	$L > 120$	—	分段浇筑	后浇带式、间歇式膨胀加强带

注：不含现浇挑檐、女儿墙等外露结构。

当地下结构或水工结构采用补偿收缩混凝土做结构自防水时，在经过充分研究及施工保证措施完善的前提下，迎水面可考虑不做柔性防水的方案。这对于常规的建筑防水构造是个突破，省去了建筑防水层，仅靠混凝土结构的结构自防水解决防水问题。

(2) 补偿收缩混凝土的施工要求

补偿收缩混凝土的浇筑应符合下列规定：

1）浇筑前应制定浇筑计划，检查膨胀加强带和后浇带的设置是否符合设计要求，浇筑部位应清理干净。

2）当施工中因遇到雨、雪、冰雹需留施工缝时，对新浇混凝土部分应立即用塑料薄膜覆盖。当出现混凝土已硬化的情况时，应先在其上铺设 30～50mm 厚的同配合比无粗骨料的膨胀水泥砂浆，再浇筑混凝土。

3）当超长的板式结构采用膨胀加强带取代后浇带时，应根据所选膨胀加强带的构造形式，按规定顺序浇筑。间歇式膨胀加强带和后浇式膨胀加强带浇筑前，应将先期浇筑的混凝土表面清理干净，并充分湿润。

4）水平构件应在终凝前采用机械或人工的方式，对混凝土表面进行三次抹压。

（3）补偿收缩混凝土的养护要求

1）补偿收缩混凝土浇筑完成后，应及时对暴露在大气中的混凝土表面进行潮湿养护，养护期不得少于 14d。对水平构件，常温施工时，可采取覆盖塑料薄膜并定时洒水、铺湿麻袋等方式。底板宜采取直接蓄水养护方式。墙体浇筑完成后，可在顶端设多孔淋水管，达到脱模强度后，可松动对拉螺栓，使墙体外侧与模板之间有 2～3mm 的缝隙，确保上部淋水进入模板与墙壁间，也可采取其他保湿养护措施。

2）在冬期施工时，构件拆模时间应延至 7d 以上，表层不得直接洒水，可采用塑料薄膜保水，薄膜上部再覆盖岩棉被等保温材料。

3）已浇筑完混凝土的地下室，应在进入冬期施工前完成灰土的回填工作。

4）当采用保温养护、加热养护、蒸汽养护或其他快速养护等特殊养护方式时，养护制度应通过试验确定。

（4）补偿收缩混凝土的结构设计措施

补偿收缩混凝土结构的构件中，应加强构造配筋。建议在设计中采用构件的全截面双层双向配筋，这样可以保证混凝土在需要补偿收缩的部位产生均匀有效的膨胀。同时，建议构件中钢筋间距不要过大。设计中建议补偿收缩混凝土结构的构件钢筋间距按表 3.2.4 采用。

补偿收缩混凝土结构中钢筋间距建议值　　　　　　　表 3.2.4

构件	钢筋间距(mm)
基础底板	150～200
楼板	100～200
屋面板	100～150
墙体水平筋	100～150

同时，在以下部位宜采取构件及配筋加强措施：

1）房屋凹角及凸角处的楼板；

2）房屋两端的楼板；

3）房屋山墙处的楼板；

4）施工中与周边剪力墙、柱等构件整体浇筑的楼板；

5）受剪力墙约束较强的楼板；

6）建筑的出入口位置；

7）结构截面变化处；

8）结构构造复杂的突出部位；

9）楼板大开洞周边构件；

10）标高不同的相邻构件连接处。

为达到较好的实际效果，设计应要求施工单位与添加剂生产厂家共同做好有针对性的施工方案，采取行之有效的施工措施。严格控制混凝土原料质量和技术标准，选择适当的混凝土原料及配合比。如选择收缩小的水泥、尽量减少水泥用量、尽量连续浇灌不留施工缝等。另外还要采取切实有效的表面温度保持养护措施，减缓水化热温度变化速率，有利于混凝土发挥松弛效应，减少拉应力。

（5）补偿收缩混凝土的建筑设计影响

采用补偿收缩混凝土，对建筑的最大影响就是可以将传统意义的建筑防水＋结构自防水两道防水的构造，简化为通过所有混凝土均采用补偿收缩混凝土而实现结构自防水，从而取消建筑防水层的效果。这对于那些超长工程中因地下水位较高，无法设置后浇带或设置后浇带对施工造成比较大困难的情况，是个行之有效的措施。同时，采用补偿收缩混凝土，取消建筑防水层，对于整个项目的造价减少的影响会比较大，尤其是对于那些地下室占比较大的超长、超大地下室结构的影响非常大。同时，由于采用了混凝土同期浇筑，未设置后浇带，地下室始终是封闭结构，也就是说，当结构满足整体抗浮条件时，地下室可以提前停止降水，这也会给建筑施工措施费用带来较大幅度的节约。

具体项目中，可以分析采用补偿收缩混凝土时，对混凝土材料的选择、添加剂品种选择、施工养护、施工措施、降水费用节省等综合造价的计算，和采用普通混凝土施工所产生的综合造价进行比较，再分析一下采用补偿收缩混凝土时取消建筑防水层的造价，得出综合造价节省的数据，确定最终是否采用补偿收缩混凝土的方案。

3. 温度变化影响较大部位的加强措施

超长建筑的结构设计中，在温度变化影响较大部位对结构构件采取加强措施，一直是"小投入、办大事"行之有效的手段。对温度敏感部位、重点开裂风险部位有针对性地主动采取结构构造措施，是控制超长混凝土结构产生裂缝的基本手段。

（1）温度变化影响大的部位

热胀冷缩是建筑物的普遍特性。随着温度的变化，超静定结构中的构件会产生内力，温度变化越大，结构中的温度应力也会越大，尤其对于超长建筑物来说温度应力的影响不能忽视。

以下是混凝土结构随着温度变化，会产生较大的温度应力的部位，设计时应采取加强措施：

1）建筑物的屋盖；

2）建筑物的山墙；

3）建筑物的纵墙端开间部位；

4）建筑物受日照影响温差大的构件；

5）建筑物中与剪力墙相连的楼板；

6）建筑物中结构刚度突变处；

7）建筑物楼板开大洞的周边构件。

（2）加大结构截面

增加构件截面是应对温度应力较为直接的方式，这个方式对建筑功能的影响较小，也不会对建筑立面和造型带来太大的影响，是个行之有效的结构措施。结构设计中可采取以下措施：

1）增加屋盖楼板的厚度；

2）对由于结构刚度突变或平面不规则而可能产生应力集中的部位，尽量使截面形成逐渐变化的过渡形式，对薄弱部位加大截面；

3）加大楼板开大洞周边构件的截面。

（3）对于直接暴露在温度变化中的构件，做好保温、隔热措施

建筑设计中应注意采取以下措施：

1）建筑物外墙及所有外露构件均设置外包保温层；

2）在建筑物屋面设置架空层，避免屋面结构太阳直射；

3）在受太阳直射的建筑外立面设置装饰架或绿植覆盖，减少结构构件直接的温度变化；

4）在建筑物室外露台等增加建筑面层厚度，建筑面层材料间接起到保温层的作用。

（4）设置滑动层

设置滑动层也是一种设计理念，它是在建筑物筏板与底面约束的接触面之间设置大面积滑动层，降低对结构的约束，从而减少温度应力。比较常用的是水平滑动层技术（图3.2.4）。

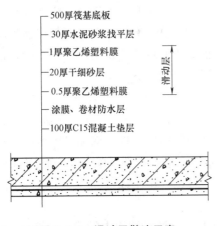

- 500厚筏基底板
- 30厚水泥砂浆找平层
- 1厚聚乙烯塑料膜
- 20厚干细砂层
- 0.5厚聚乙烯塑料膜
- 涂膜、卷材防水层
- 100厚C15混凝土垫层

滑动层

图 3.2.4　滑动层做法示意

一般天然地基大面积筏板基础为减少地基约束，多采用1道油毡为主体、辅以防水涂料粘结层的"滑动层"，也有采用1层砂土覆盖防水纸、砂和油毡或砂和聚乙烯薄膜作为滑动层。

由图3.2.4可以看出，这个在基础筏板上的滑动层的做法，就是在常规设计中混凝土垫层上的建筑防水材料和筏板之间增加设置了一个"滑动层"。这个滑动层可由聚乙烯塑料膜和干砂层组成，以此来降低对结构的约束，从而减少超长或大体积基础底板的温度应力。

由滑动层的概念不难看出，设置"滑动层"的原理是利用刚性体之间可发生滑动，因为没有约束，从而在水平方向释放温度应力。当基础底板置于岩石类等刚性地基时，才会帮助滑动层概念的实施。如果地基为软土地基或压缩性较大的土层时，由于地基会产生变形，基础＋上部结构会相应发生变形，因而基础＋上部结构很难相对于地基发生整体刚性"滑动"，因此滑动层概念难于实现。

（5）设计中应尽可能减少超长结构混凝土外部约束

剪力墙相对于楼板来说属于外部约束。结构平面中有较多剪力墙的超长结构比平面中有较少或没有剪力墙的超长结构更容易开裂。

桩基础相对于筏板基础来说属于外部约束，桩＋筏基础的超长结构比筏基础的超长结构更容易开裂。

筏板基础中"上柱墩"基础比"下柱墩"基础更有利于超长结构的温度应力释放，也就是说对控制温度应力更加有利（图 3.2.5、图 3.2.6）。

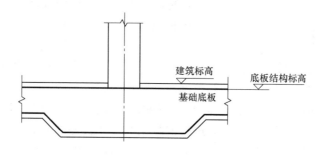

图 3.2.5　"下柱墩"基础示意

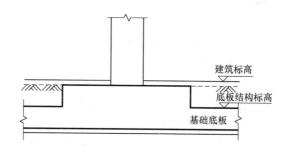

图 3.2.6　"上柱墩"基础示意

（6）增加配筋率

结构构件内采用钢筋拉通、双层双向配筋、尽量用小直径的钢筋、控制钢筋间距、增大配筋率一直是结构设计中控制超长结构温度裂缝的有效手段。

对于房屋温度变化影响大的部位，如屋盖、山墙、纵墙端开间、日照温差大的构件、与剪力墙相连的楼板、刚度突变处、楼板开大洞的周边等部位，提高构造配筋率，采用相对较小钢筋直径、较密间距的钢筋，并且采用双层双向通长配筋。对于超长建筑的各层各向配筋率控制在 0.15%～0.25%。对由于结构刚度突变或平面不规则而可能产生应力集中的部位，尽量使截面形成逐渐变化的过渡形式，在配筋时保持连续构件配筋的逐渐过渡和连通，在连续构件中避免产生人为的构件截面和配筋突变，并加强构件布置不规则部位的规则配筋，适当提高不规则部位的配筋率。

4. 采用预应力技术

超长建筑的设计中，采用预应力混凝土结构，也是在超长结构不设伸缩缝或增大伸缩缝设置间距常用的设计手段之一。

（1）超长结构中预应力混凝土结构的基本要求

预应力混凝土结构为配置受力的预应力筋，通过张拉或其他方法建立预加应力的混凝土结构。在张拉形式上分为先张法预应力混凝土结构和后张法预应力混凝土结构。

先张法预应力混凝土结构：在台座上张拉预应力筋后浇筑混凝土，并通过放张预应力筋由粘结传递而建立预应力的混凝土结构。

后张法预应力混凝土结构：在混凝土达到规定强度后，通过张拉预应力筋并在结构上锚固而建立预应力的混凝土结构。

当钢筋混凝土结构长度大于现行国家标准《混凝土结构设计规范》规定的钢筋混凝土结构最大伸缩缝间距时应为超长结构。超长结构的预应力设计除应考虑常规荷载工况下作用的效应以外，尚应计入混凝土收缩、徐变和温度等间接作用在结构中产生的效应。

超长结构的预应力设计时，宜考虑施工过程的时间效应和路径效应对预应力效应的影响，可采取监测技术确定预应力的张拉顺序、张拉时间等参数。

超长预应力结构应加强混凝土养护，并宜采取留设施工后浇带、膨胀加强带、分段施工等有效措施，防止混凝土开裂；宜进行混凝土配合比及外加剂的合理设计。

超长结构中混凝土、普通钢筋、预应力筋等材料的收缩、徐变、松弛效应关系宜通过试验分析确定，也可按现行国家标准《混凝土结构设计规范》中相关规定采用；当采用弹性方法分析超长结构在间接作用下的内力时，计算模型中的单元刚度应考虑裂缝、收缩、徐变的影响。

超长结构的预应力设计应满足以下构造及施工要求：

1）超长结构楼板钢筋宜采用双层双向连续布置方式，根据计算局部增设附加受力钢筋，可沿板厚中部均匀水平布置预应力筋。

2）超长预应力结构宜采用摩擦系数较小且刚度较好的波纹管，并宜采取有效措施减小张拉阶段预应力筋与孔壁的摩阻力。

3）超长预应力结构分段施工时，每段长度大于 50m 时，其孔道摩阻系数宜通过现场测试确定。

4）在超长框架结构中，当长度超过 50m 或跨数较多时宜采用分段张拉方式。采用分段张拉时，预应力筋的连接方法可采用对接法、搭接法和分离法，这三种方法也可同时采用。

5）超长预应力结构留设施工后浇带时，每段的长度不宜超过 50m，对于水平弧梁的预应力筋，其长度宜更小。在相邻两条后浇带之间可留设施工缝。

6）超长预应力结构后浇带封堵时间不宜少于 60d，施工缝的留设时间不宜少于 21d，有可靠措施时可适当放宽该限制条件。

7）超长结构不宜采用 C60 及以上的高强混凝土，封闭后浇带的混凝土宜采用补偿收缩混凝土。超长结构合拢段的混凝土浇筑时间宜选在工程施工期内气温较低的季节。

8）施工后浇带处的波纹管应采取措施予以保护，后浇带两侧宜设置灌浆孔，保证后续的张拉灌浆施工能顺利进行。

（2）超长结构中预应力混凝土结构常用构件

超长建筑的工程设计中，预应力技术被较多地应用在超长结构的基础底板和超长结构的楼板中。在混凝土结构的基础底板或楼板中布置预应力，通过对构件施加预应力，在混凝土基础底板或楼板中建立有效压应力来抵消部分混凝土收缩应力，提高混凝土的抗裂性能，而以计算所需的附加非预应力钢筋来满足受弯承载力要求，有利于发挥构件的延性性能。根据混凝土收缩裂缝的特点并考虑工程造价、施工条件等因素，可将设计后浇带作为分隔段浇筑混凝土，待混凝土强度达到设计值以后时分段张拉，45d 后浇筑后浇带混凝土，最后对跨越后浇带的预应力钢筋进行张拉，建立预应力。预应力的施加改善了楼板的受力状况，提高了楼板的抗裂性能，起到约束楼板和水平构件的温度变形的作用。同时，对于使用在基础底板的预应力，还可以减小底板的厚度。

（3）预应力结构的缺点

从上面可以看出，在超长建筑的工程设计中采用预应力技术，有很多显著的优点，对超长结构来说，其主要优点是预应力结构能提高结构的抗裂性能。在预应力混凝土结构中由于对构件施加预应力，大大推迟了裂缝的出现，在使用荷载以及温度应力的作用下，构件可不出现或推迟出现裂缝，可以提高构件的刚度，提高结构的耐久性能。

同时，也应该考虑预应力混凝土结构的不足，主要有以下几个方面：

1）预应力混凝土结构由于特殊工艺要求，会在张拉端设置锚头，建筑设计时应考虑预应力工艺锚头位置对建筑立面和功能的影响。

2）预应力混凝土结构相对于普通混凝土结构来说，工艺较复杂，施工工序较多，工期较长，对质量要求更严，施工专业性要求更高，需要具有专业技术水平的施工队伍配合，须制定专项施工方案。

3）预应力混凝土结构需要有预应力施工特殊的专门设备，如张拉机具、灌浆设备等。先张法需要有张拉台座；后张法需要数量较多、质量可靠的锚具等。

4）预应力混凝土结构的开工费用较大，对于仅应用于局部构件或预应力混凝土构件占总体构件比例较少的工程，相对成本较高。

5）预应力混凝土结构不方便结构竣工后的改造和加固。如果由于建筑功能的改变，需要对建成后的结构采取改造和加固措施，对于不得破坏结构内的钢绞线的情况需事先探明预应力钢绞线的位置方可剔凿混凝土。应谨慎对预应力结构进行结构改造和加固。

6）预应力混凝土结构设计时，对于安装设备吊挂支架的设计，建议通过设置预埋埋件的方法，取代在普通混凝土结构中采取的可在土建施工完毕后对结构钻孔设置膨胀螺栓的方式。

第 3 节　结构设计及优化方法

超长结构是指建筑物单体长度超过规范规定的设置温度缝、伸缩缝或抗震缝的最大长度，而不设置任何形式永久性缝的结构。《混凝土结构设计规范》规定结构伸缩缝的最大间距，目的是要控制建筑物中产生的温度应力，满足建筑物的各种变形需要。虽然伸缩缝的设置解决了建筑因变形引起的开裂问题，但同时也给建筑、结构、设备带来了一些新问题，例如：影响建筑物的美观和使用功能等问题。

如何才能既满足建筑立面和功能要求，又能保证结构安全并满足设计要求呢？下面从建筑设计、结构设计和施工几方面分别分析一下都可以做哪些方面的工作，达到优化设计的目的。

1. 研究建筑方案

结构方案的源头是建筑方案，如何在方案的源头研究建筑设计，是否可将超长的建筑在建筑体型的变化处、建筑功能的区分处、建筑造型不重要的区域，有机地将一个超长建筑划分为内部存在结构伸缩缝，形成独立结构单元的结构。这只是顺应已有的建筑功能的一个研究，是否可以更进一步，在建筑师构思建筑方案的时候，如果能带有结构概念和视角，带着"超长结构需要设伸缩缝"这个理念，将建筑方案设计成控制总体结构长度，或主动在超长建筑的设计中考虑伸缩缝的位置，在这些位置上的伸缩缝可以有机地与建筑方案结合起来，并不突兀和破坏建筑效果。使得结构伸缩缝自然和谐地出现在建筑方案中，而不是直接把一个超长的建筑方案扔出来，结构工程师只能被动提供解决方案，这将是一个站得更高的设计理念。将超长结构的应对方案，不仅仅停留在只是结构专业的问题这个层面上，而是在建筑方案层面集思广益，共同应对，这是一个更加主动和积极的设计方式。

超长结构通过建筑方案的重新思考，将建筑物转化为非超长结构，或控制建筑物超长长度的建筑，是建筑师在源头上参与结构优化设计的非常有意义的研究。

建筑方案设计中可以考虑在以下部位设置伸缩缝：

1）建筑平面体型发生变化或突变处；

2）建筑立面发生变化处；

3）建筑功能发生变化处；

4）建筑高度、建筑层高发生变化处；

5）结构体系发生变化处；

6）结构伸缩缝不影响建筑立面处；

7）结构伸缩缝可用建筑装饰方式遮掩处。

2. 研究结构设计措施

超长结构的不断涌现，一方面，要在建筑方案的源头研究一下是否可以避免结构的超长，或是将建筑物的超长转化为不超长的结构，或结构的超长程度小一点，以至于可以满足规范要求成为非超长结构。同时，由于超长结构的温度作用和混凝土收缩对结构的影响不可忽略，有必要对超长结构采取一定的技术措施，以减小温度应力和混凝土收缩对结构带来的不利因素。结构设计中可考虑采取以下措施：

1）研究结构方案的合理性，确定结构体系，根据建筑方案的结构受力特性合理选择结构形式，减小或降低结构约束程度；

2）结构平面形状应尽量考虑刚度均匀、平面对称、形状规整；

3）对于建筑方案中有外挑、内凹、平面不连续、平面大开洞等不规则结构，在设计上要作构造加强和构造过渡处理，尽量避免结构断面突变产生应力集中的现象；

4）研究结构荷载的合理取值，正确看待结构设计时"留有余地"，这个"留有余地"应该是对结构体系和建筑功能的充分认识，而不是盲目地将已知的建筑功能的荷载放大，结构荷载取值盲目加大，由此可能带来高强度混凝土的使用，使得混凝土中水泥用量普遍加大，水化热增加，混凝土收缩量扩大，在潜在的意义上不利于超长结构的设计；

5）研究结构设计参数的合理取值；

6）考虑设置后浇带、膨胀加强带，并使后浇带转折通过结构平面；

7）采用补偿收缩混凝土技术，即在普通混凝土中掺入一定比例的微膨胀剂的技术；

8）加强保温、隔热等构造，使结构尽量少地暴露在自然环境中；

9）设置滑动层，降低对结构的约束，从而减少温度应力的影响；

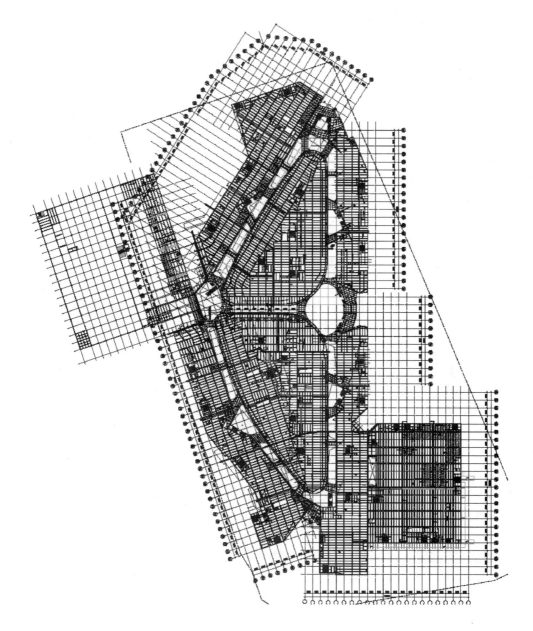

图 3.3.1　北京大兴荟聚购物中心　设缝示意

　　10）施加预应力，在钢筋混凝土结构中施加预应力，即在楼板中布置双向预应力钢筋；

　　11）加强构造措施，加大薄弱处结构截面；

　　12）提高材料的抗拉性能，如在混凝土中掺入一定比例的复合纤维材料，则可提高混凝土的抗拉性能；

　　13）通过加强构造配筋，在设计构造上补偿造成裂缝的各种内部应力；

　　14）必要时，进行超大面积和超长结构温度应力的有限元分析；

15）地基基础研究，使基础方案成为对解决超长结构有优势的基础方案。

3. 改进施工措施

超长结构的发展对工程设计和施工要求越来越高，超长且不设伸缩缝结构体系的大量涌现，对超长结构设计和施工都提出了新的要求。实践表明，上述建筑设计和结构设计措施对超长结构的混凝土收缩控制以及温度作用的控制是行之有效的，具有普遍意义，可适用各种类型的超长结构设计的全过程控制。同时，采取配合施工阶段的技术措施，可使超长结构的混凝土收缩控制和温度作用控制起到更好的效果。实践证明，以下施工措施在超长结构控制混凝土收缩和温度作用中可以起到很好的效果。

1）控制混凝土原材料的质量和技术指标，选料时尽量选中低热水泥，减少水泥水化过程中的热量，如选择矿渣水泥、粉煤灰水泥等。

2）控制水泥用量，重视配合比的设计。根据混凝土的强度等级、抗渗等级、坍落度确定水、水泥、砂、石子矿粉、外掺料、外加剂的配合比。

3）制定混凝土浇筑施工路线图，确定泵车浇筑行进路线，保证浇捣范围的有效性。

4）加强混凝土浇捣质量控制。混凝土浇捣时依靠混凝土的流动性，对混凝土分层浇筑，控制每层厚度，确保钢筋密集部位混凝土浇捣振实。同时进行充分的振捣，提高混凝土的密实度。

5）加强混凝土养护和温度监控。可采用保湿养护法，即混凝土表面覆盖一层塑料薄膜以封闭混凝土内水分蒸发，使得混凝土能在潮湿环境下进行养护，以此控制混凝土干缩裂缝的产生。在保湿的条件下，可加速混凝土强度的发展，提高混凝土的早期强度。

6）保证后浇带的施工质量。

① 后浇带的作用

后浇带的作用在于减少混凝土的收缩应力，并不直接减少温度应力，而提高它对温度应力的耐受能力。

② 后浇带的宽度和间距

可根据实际需要，约 40m 左右间距设置一道后浇带，带宽 800～1000mm。如果为预应力结构，可结合预应力结构的设计，将预应力筋张拉端设置在后浇带处，便于预应力筋的张拉和锚固。

③ 后浇带的位置

后浇带应从结构构件受力影响较小的部位通过（如梁、板跨度中部 1/3 处，连梁跨中等），为施工方便，上、下层尽量保证在同一跨上设置。具体设置位置应根据实际荷载情况设置在受力影响较小的部位。

④ 后浇带应注意事项

a. 后浇混凝土采用无收缩或微膨胀混凝土，强度比两侧混凝土强度等级提高一级。

b. 后浇带两侧宜设钢筋网片，防止两侧混凝土浇筑时流入后浇带区；后浇带混凝土浇筑前应清理凿毛，浇筑时振捣密实，精心养护；后浇带两侧支撑保证稳定可靠，在后浇带混凝土达到设计强度时方可拆除。

c. 梁上部钢筋、腰筋及板墙钢筋可采用断开后错开搭接的方式。梁下部钢筋可不断开，并适当加大配筋。这样既可大大减小梁钢筋全部不断对混凝土收缩产生的约束，又可避免梁钢筋全部断后造成的钢筋搭接、焊接的困难。在施工条件许可的情况下，将后浇带的宽度尽量放大些可方便施工。

7）采取添加粉煤灰、减少水泥用量来增加混凝土的和易性，降低混凝土干缩量。

8）采用跳仓法施工工艺。

跳仓法是充分利用了混凝土在5～10d期间性能尚未稳定和没有彻底凝固前容易将内应力释放出来的"抗与放"特性原理。它是将建筑物地基或大面积混凝土平面划分成若干个区域，按照"分块规划、隔块施工、分层浇筑、整体成型"的原则施工。其模式和跳棋一样，即隔一段浇一段，相邻两段间隔一段时间。跳仓的仓格分段长度不宜大于40m。跳仓间隔施工的时间不宜小于7d，跳仓接缝处按施工缝的要求设置和处理，以避免混凝土施工初期部分激烈温差和干燥作用，这样就不用留后浇带了。

跳仓法浇筑综合技术措施在不设缝情况下成功地解决了超长、超宽、超厚的大体积混凝土裂缝控制和防渗问题。

施工时采用跳仓法而取消设置后浇带有以下好处：

1）后浇带留置期间，后浇带处钢筋会锈蚀，后浇带处混凝土面会结垢污染。对后浇带处混凝土凿毛、清理以及钢筋的除锈非常困难。后浇带极易成为渗漏易发点和结构安全隐患处，取消后浇带将保证混凝土施工质量并节省大量清理费用。

2）采用"跳仓法"取消后浇带，混凝土一次浇筑成型，减少后期后浇带封堵工序，对地下室结构来说，可提前进行土方回填，消除后浇带对后期二次结构、机电安装、装修等专业施工的影响，节省工期。

3）后浇带贯穿于整个地下、地上结构，所到之处梁板均断开，给施工通行带来很多不便；产生的悬挑梁板处需要大量模板支撑，后期处理工艺烦琐。采用"跳仓法"取消后浇带，可减少后浇带处混凝土剔凿、钢筋除锈、悬挑梁板支撑等工序，节约工期，节省人工，以及节约钢管扣件租赁费用。

4）采用"跳仓法"取消后浇带，可最快地形成整体结构，避免后浇带部位出现降水不及时产生的底板隆起，破坏附加防水层。

5）采用"跳仓法"取消后浇带，对地下室外墙来说，可使地下室结构最快地形成整体结构，减小支护结构的位移压力，节省施工费用。

6）采用"跳仓法"取消后浇带，可最快地形成整体工作面，极大方便现场材料堆放与运输，节省后浇带保护费用（覆盖模板或钢板）。

7）采用跳仓法只是工艺的改进，不需要特殊的材料。跳仓法施工工艺流程简单，混凝土浇筑质量有保证，施工速度快，节省材料成本，经济效益和社会效益显著。

同时，采用跳仓法取代后浇带也存在不足和缺点，主要有以下几个方面：

1）采用"跳仓法"代替后浇带，目前尚无国家层面的相关规范及标准，无法参照执行。

现有的标准有：北京市地方标准《超长大体积混凝土结构跳仓法技术规程》DB11/T 1200—2015。

2）由于"跳仓法"的仓格分段长度不宜大于40m，所以每隔40m左右就会有施工缝，设置的施工缝较多，施工缝处理不当容易出现裂缝。

3）"跳仓法"施工措施对施工单位管理和技术水平要求较高。只有现场管理严格、完全执行混凝土施工规范的施工单位，才能用"跳仓法"代替后浇带技术，否则，会有采用"跳仓法"不能显示其优势的风险。

为确保所有建筑工程的质量，应具体工程具体分析，综合考虑采用后浇带措施还是采用"跳仓法"施工技术，不应一概而论，全盘否定传统后浇带措施，或全盘否定"跳仓法"施工技术。

第4节　工程实例分析

1. 工程概况

中国红岛国际会议展览中心，总建筑面积：48.8 万 m^2，其中地上建筑面积 35.7 万 m^2，地下建筑面积 13.1 万 m^2。项目由登录大厅、四个单层展厅、四个双层展厅、一个多功能双层展厅、酒店及其配套裙房、南综合楼及其配套裙房组成（图 3.4.1、图 3.4.2）。

图 3.4.1　中国红岛国际会议展览中心平面示意

登录大厅屋顶为高度 39m、中间大空间跨度 94.5m、两侧的悬挑长度 26.5m 的大跨钢桁架结构，内部功能房间为 1～4 层钢筋混凝土框架-剪力墙结构。登录大厅和西侧的单层展厅、东侧的双层展厅之间在地上设结构抗震缝分开，各自形成独立的结构单元。

单层及双层展厅屋顶均为跨度 62.5m 的钢桁架结构，内部及其功能房间采用钢筋混凝土框架-剪力墙结构。两个展厅为一个结构单元，结构单元内部不设结构缝。两个结构单元之间通过设置滑动支座连接，满足建筑功能不设缝的要求。滑动支座传递竖向力，不传递水平力。

双层多功能展厅屋顶为跨度 66.5m 的钢桁架结构，内部及其功能房间采用钢筋混凝土框架-剪力墙结构。双层多功能展厅为一个结构单元，与南侧双层展厅之间通过设置滑动支座连成一体；与北侧酒店设结构抗震缝分开。

酒店主楼采用钢筋混凝土框架-筒体结构，配套裙房采用钢筋混凝土框架-剪力墙结构，地上主楼和裙房间设结构抗震缝分开。

酒店兼容办公主楼采用钢筋混凝土框架-筒体结构，配套裙房采用钢筋混凝土框架-剪力墙结构，地上主楼和裙房间设结构抗震缝分开。

柱廊设置在单层展厅、双层展厅、办公及酒店的四周，采用现浇钢筋混凝土框架。单层展厅、双层展厅主体结构和柱廊相连；柱廊随相邻的结构单体划分结构单元。南综合楼及酒店主体结构和柱廊不相连，柱廊独立形成结构单元。

地下结构不设缝，采用钢筋混凝土框架结构体系。

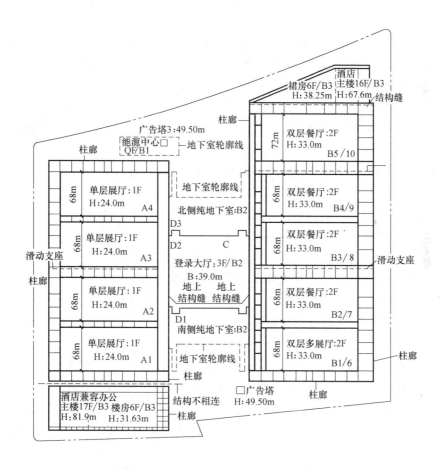

图 3.4.2　中国红岛国际会议展览中心示意

2. 超长结构设计措施

针对本工程的超长结构，设计采取了以下措施。

（1）体系的确定

建筑功能确定的工程结构体系：

1）展厅

展厅采用钢筋混凝土框架-剪力墙结构，钢筋混凝土梁板式楼盖，大跨度屋盖采用钢结构体系，屋面为钢桁架屋面。

2）登录大厅

登录大厅采用钢筋混凝土框架-剪力墙结构，钢筋混凝土梁板式楼盖。

大跨度屋盖采用钢结构体系，屋面为钢桁架屋面。

3）酒店

酒店采用钢筋混凝土框架-剪力墙结构，钢筋混凝土梁板式楼盖。

4）办公楼

办公楼采用钢筋混凝土框架-剪力墙结构，钢筋混凝土梁板式楼盖。

5）地下室：

地下室采用钢筋混凝土框架-剪力墙结构，结合建筑功能设置适量的剪力墙，满足上部结构在地下室顶板（±0.000）的嵌固要求。楼盖采用钢筋混凝土梁板式楼盖。

（2）结构变形缝的设置原则

本工程建筑平面庞大，建筑功能复杂、相互交叉。建筑功能上的构成为：1 个登录大厅、4 个单层展厅、5 个双层展厅、1 个酒店、1 个办公楼组成，根据建筑平面和功能，结构制定了变形缝设置的原则：

1）登录大厅地面以上根据建筑功能与展厅设置永久变形缝，登录大厅内部不设永久变形缝；

2）每 2 个展厅为一组结构单元设置永久变形缝，2 个展厅内部不设永久变形缝；

3）展厅地面以上与酒店之间设置永久变形缝；

4）展厅地面以上与办公楼之间设置永久变形缝；

5）酒店塔楼和裙房之间，在地面以上设置永久变形缝；

6）办公楼塔楼和裙房之间，在地面以上设置永久变形缝；

7）所有地下室内部不设永久变形缝，地下室内部设施工后浇带，间距 30～40m。

（3）超长展厅的可行性分析

展厅：根据本工程的展厅尺度，建议以一个展厅的长度以及两个展厅的宽度作为最大不设缝的结构长度，约 170～180m，作为结构最大永久变形缝设置距离；

登录大厅：地上长度约 126m，内部不设置永久变形缝；

单层和双层展厅与登录大厅之间：设置结构永久变形缝结构，使登录大厅和展厅各自成为独立的结构单体；

单层展厅和办公楼之间：设置结构永久变形缝，使办公楼塔楼和办公楼裙房分别为独立的结构单体；

双层展厅和酒店之间：设置结构永久变形缝，使酒店塔楼和酒店裙房分别为独立的结构单体。

1）地基条件（图 3.4.3）

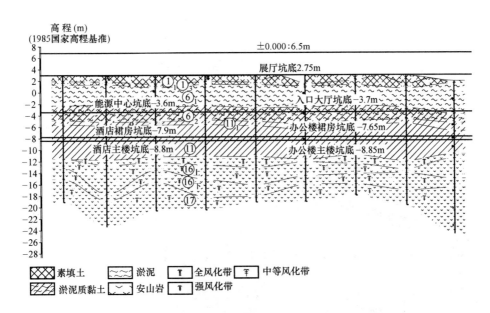

图 3.4.3　中国红岛国际会议展览中心地质情况示意

图例：素填土　淤泥　全风化带　中等风化带　淤泥质黏土　安山岩　强风化带

2）基础形式（表 3.4.1、图 3.4.4）

中国红岛国际会议展览中心工程基础形式　　表 3.4.1

部位	展厅及柱廊	登录大厅	酒店	办公楼	能源中心
基础形式	柱下：预应力管桩；房心：预应力管桩	有地上结构下：人工挖孔灌注桩；纯地下结构下：基础换填	天然地基	天然地基	基础换填
持力层	⑯下层安山岩强风化下亚带	桩基下：⑰层安山岩中等风化带；换填基础下卧层：⑪₁层黏土层	⑪层黏土层	⑪层黏土层	换填基础下卧层：⑪₁黏土层
桩长	约17m	约9~16m			
地基承载力特征值	$f_{ak}=900$kPa	⑰层：$f_{ak}=2500$kPa；⑪₁层：$f_{ak}=160$kPa；基础换填：$f_{ak}=120~160$kPa	$f_{ak}=230$kPa	$f_{ak}=230$kPa	⑪₁层：$f_{ak}=160$kPa；基础换填：$f_{ak}=130$kPa
抗浮措施		局部抗浮锚杆	局部抗浮锚杆	局部抗浮锚杆	基础下落压重

3）结构设缝方案（图 3.4.5）

71

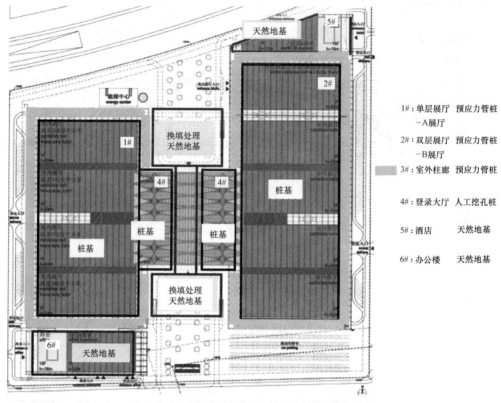

图 3.4.4 中国红岛国际会议展览中心基础形式

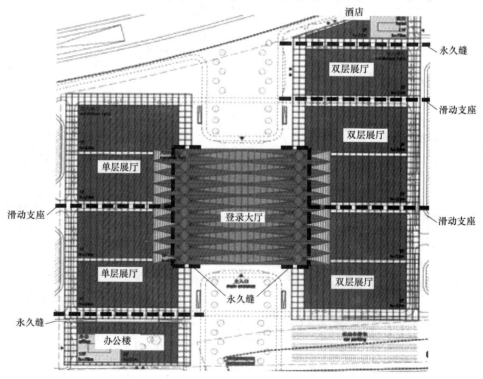

图 3.4.5 中国红岛国际会议展览中心设缝示意

（4）结构缝的形式

1）设置永久性，采用常规的双柱方式，在结构缝处设置双柱将结构分为两个独立的结构单体；

2）设置滑动支座，采用滑动支座的构造，两个结构单元之间通过设置滑动支座连接，既满足建筑功能不设置双柱的要求，又满足超长结构设置永久变形缝的要求。滑动支座处的构造要求需满足仅传递竖向力，不传递水平力（图 3.4.6、图 3.4.7）。

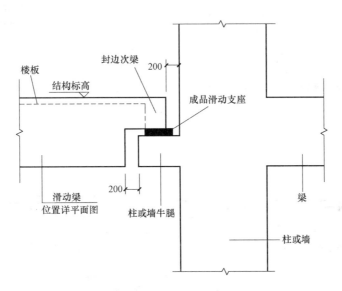

图 3.4.6　滑动支座构造

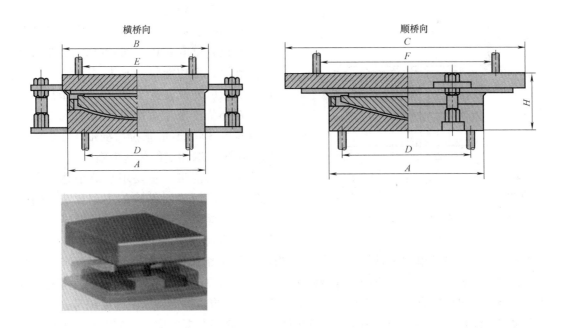

图 3.4.7　成品滑动支座产品

（5）施工缝处的构造（图 3.4.8～图 3.4.12）

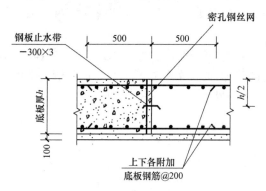

图 3.4.8 施工缝楼板做法地下室底板

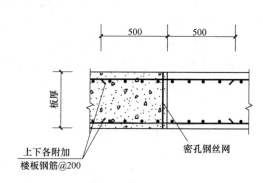

图 3.4.9 施工缝楼板做法（室内）

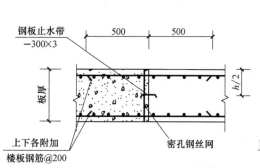

图 3.4.10 施工缝楼板做法（地下室顶板）

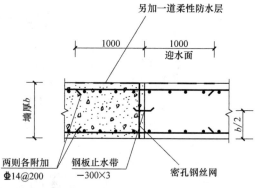

图 3.4.11 施工缝底板做法（地下室外墙）

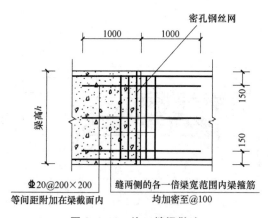

图 3.4.12 施工缝梁做法

（6）关于后浇带的留设

在酒店、办公楼地下结构中，塔楼与裙房间设置宽度 800mm 的沉降后浇带，在双层展厅、多功能厅 15m 标高层大跨度预应力区域以外设置宽度 800mm 的张拉后浇带。在办公楼三层大跨度预应力区域以外设置宽度 800mm 的张拉后浇带。在设计中对后浇带采取相应的构造措施。

沉降后浇带：主要用于减小施工期间地基不均匀沉降对结构的不利影响，同时也兼作收缩后浇带。沉降后浇带应在高层结构主体封顶后，主楼沉降稳定，根据沉降观测记录，由设计单位确认后方可封闭。当由于施工组织原因需提前封闭沉降后浇带时，需由沉降观测单位提供两侧沉降观测记录，分析该沉降结果足以得出两侧沉降稳定的结论，经设计单位同意确认后方可实施，施工单位不可擅自提前封闭沉降后浇带。

收缩后浇带：主要用于减小施工期间混凝土初期收缩及温度应力。应在其两侧混凝土龄期达到 45d 后封闭。

后浇带板厚、墙厚、梁高范围，施工根据各自采用模板情况，留出槽齿，使新老混凝土咬接，并能传递剪力。施工应采取有效措施，既防止漏浆，又能使新老混凝土接缝密实。

后浇带两侧的梁板支撑，施工单位要进行必要的计算，保证足够的数量和强度，并且在后浇带混凝土未达到强度以前不得随意拆除，确保施工安全。

后浇带处的梁、板、墙钢筋应照常贯通设置，但应采取措施清理后浇带内垃圾以及钢筋防锈或除锈措施。

后浇带浇筑混凝土前，应清除浮浆、松动石子、松软混凝土层，并将结合面处洒水湿润，但不得积水。封闭后浇带的混凝土应采用比两侧混凝土强度等级高一级的补偿收缩混凝土浇灌密实，并加强养护，确保接缝完好。后浇带浇筑后其养护时间不应少于28d。

登录大厅、展厅及多功能厅的地下室外墙、基础底板、各层梁、板均采用补偿收缩混凝土（图3.4.13～图3.4.16）。

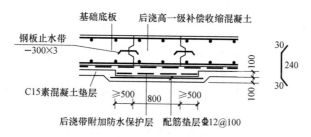

图 3.4.13　底板后浇带

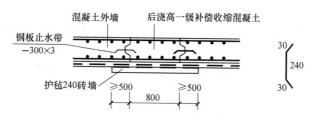

图 3.4.14　外墙后浇带

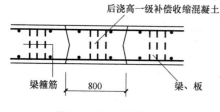

图 3.4.15　楼板后浇带

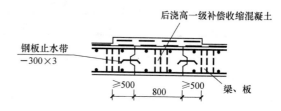

图 3.4.16　地下室顶板（有覆土）后浇带

（7）膨胀加强带的留设

对登录大厅、展厅和多功能厅的超长结构单元，设置间距约 30～60m、宽度为 2m 的膨胀加强带。在设计中对膨胀加强带采取相应的构造措施。膨胀加强带分为连续浇筑的连续式膨胀加强带、间歇式膨胀加强带（即膨胀加强带与一侧相邻的混凝土同时浇筑，而另一侧是施工缝）及分段浇筑的后浇式膨胀加强带（表3.4.2）。

膨胀加强带的浇筑方式   表 3.4.2

结构部位	结构长度 L(m)	浇筑方式	构造形式
基础底板(天然地基) 各层楼板(非强约束式)	60<L≤120	连续浇筑	连续式膨胀加强带
	L>120	分段浇筑	后浇式、间歇式膨胀加强带
基础底板(桩基) 各层楼板(强约束式)	L≤60	连续浇筑	连续式膨胀加强带
	L>60	分段浇筑	后浇式、间歇式膨胀加强带
地下室外墙	L≤60	连续浇筑	连续式膨胀加强带
	L>60	分段浇筑	后浇式膨胀加强带

1) 膨胀加强带的做法：

① 楼板及地下室顶板膨胀加强带的做法见图 3.4.17、地下室底板膨胀加强带的做法见图 3.4.18、地下室外墙膨胀加强带的做法见图 3.4.19、梁膨胀加强带的做法见图 3.4.17。

② 设有膨胀加强带的地下室底板结构、楼屋面结构和墙等构件的混凝土在非加强带区域均应采用掺膨胀剂的补偿收缩混凝土。

③ 膨胀加强带混凝土：比两侧混凝土提高一级，并应按规范要求使用膨胀混凝土。

④ 当膨胀加强带的混凝土与加强带两侧的混凝土不能同时浇筑时，应与后施工的一侧同时浇筑或后浇。

⑤ 当膨胀加强带两侧的混凝土不能同时浇筑时，先浇筑一侧的梁板在本跨内的模板不得拆除，待后浇筑的混凝土强度达到设计强度后方可拆除。

⑥ 膨胀加强带宜采用快易收口网模板。

⑦ 设有膨胀加强带的地下室底板结构、楼屋面结构和墙等构件混凝土的养护时间不应少于 14d。

⑧ 间歇式膨胀加强带和后浇式膨胀加强带浇筑前，应将先期浇筑的混凝土表面清理干净，并充分湿润。

2) 掺膨胀剂混凝土的主要材料技术要求

① 补偿收缩混凝土和膨胀混凝土的性能要求见表 3.4.3 和表 3.4.4。

补偿收缩混凝土的性能   表 3.4.3

项目	限制膨胀率(%)	限制干缩率(%)
龄期	水中 14d	水中 14d,空气中 28d
性能指标	板梁结构≥0.015 桩基础底板、墙体结构≥0.020	≤0.03

膨胀混凝土的性能   表 3.4.4

项目	限制膨胀率(%)	限制干缩率(%)
龄期	水中 14d	水中 14d,空气中 28d
性能指标	≥0.025	≤0.03

② 混凝土限制膨胀率与干缩率的测定方法见《混凝土外加剂应用技术规范》GB 50119—2013。

③ 掺膨胀剂的混凝土所用的原材料应符合下列规定：

膨胀剂应符合《混凝土膨胀剂》GB 23439—2009 的规定；膨胀剂经限制膨胀率检测合格后方可使用。水泥应符合现行通用水泥国家标准，不得使用硫铝酸盐水泥、铁铝酸盐水泥和高铝水泥。

④ 掺膨胀剂的混凝土的配合比设计应符合下列规定：

胶凝材料最少用量（水泥、膨胀剂和掺合料的总量）应符合表 3.4.5 的规定。

胶凝材料最少用量　　　　　　　　　　　　　　　　　　　　　　　表 3.4.5

掺膨胀剂的混凝土种类	胶凝材料最少用量（kg/m³）
补偿收缩混凝土	300
膨胀混凝土	350

水胶比不宜大于 0.5；用于有抗渗要求的补偿收缩混凝土的水泥用量不应小于 320kg/m³，当掺入掺合料时，其水泥用量不应小于 280kg/m³。补偿收缩混凝土的膨胀剂掺量不宜大于 12%，不宜小于 8%；膨胀混凝土的膨胀剂掺量不宜大于 15%，不宜小于 10%。

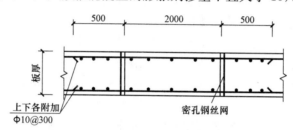

图 3.4.17　膨胀加强带楼板加强构造

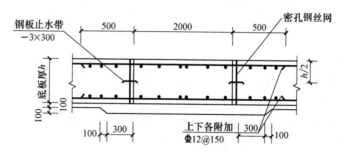

图 3.4.18　膨胀加强带底板加强构造

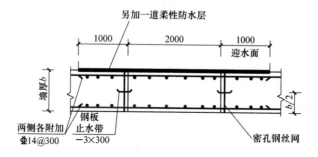

图 3.4.19　膨胀加强带地下室外墙构造

3. 超长混凝土结构施工方案

(1) 修改措施

在施工阶段，经反复研究和专家会论证，对于超长混凝土结构施工方案进行了修改，采取了以下措施：

1) 取消登录大厅沉降后浇带；

2) 取消酒店、办公楼收缩后浇带，改为跳仓法进行施工；

3) 取消登录大厅、展厅及多功能厅结构的补偿收缩混凝土和膨胀加强带，改为普通混凝土，采用跳仓法施工。地下室尽量在冬季来临前回填封闭。

4) 加强混凝土原材料质量控制，特别是含泥量控制，加强保温保湿养护，并对商品混凝土配比进行优化和试配，保证混凝土施工质量。

(2) 施工方案

本工程为满足工期要求，采取可靠措施在保证施工质量的前提下采用了跳仓法施工，实现结构提前封闭，满足后续工作提前穿插的工期要求。

跳仓法的施工范围包括基础、楼板层、外墙。

施工单位根据设计图纸中的所有超长混凝土结构制定跳仓法施工的施工区块划分和施工顺序图，并制定施工技术措施（图 3.4.20～图 3.4.24）。

仓格长度和浇筑时间：跳仓法每区段长度一般不超过 40m，浇筑时间间隔不小于 7 天。

施工缝的处理：跳仓接缝处应按施工缝的要求设置和处理。在地下室底板、外墙、有覆土的地下室顶板等部位的施工缝处需沿构件厚度方向中间位置预埋止水钢板（钢板规格同后浇带），施工缝宜采用快易收口网模板。应凿除施工缝处先期浇筑的混凝土表面的浮浆、不密实的混凝土，其余部位进行凿毛处理，清理干净，并充分湿润。

(3) 养护要求

1) 跳仓法施工混凝土结构，在混凝土浇筑完毕初凝前，宜立即喷雾养护。

2) 混凝土浇筑完毕后，除应按普通混凝土进行常规养护外，尚应按温控技术措施进行保温养护，并应符合以下规定：应专人负责保温养护工作，并应按有关规程操作，同时应养护的持续时间不得少于 14d；保温覆盖层的去除应分层逐步进行，当混凝土的表面温度与环境最大温差小于 20℃时，可全部去除。

3) 在保温养护过程中，应对混凝土浇筑体的里表温差和降温速率进行现场监测，当实测结果不满足温控指标的要求时，应调整保温养护措施。

4) 跳仓施工的混凝土结构拆模后，地下结构防水施工后应及时回填土；地上结构应尽早进行装修，不宜长期暴露在自然环境中。

(4) 施工温控

混凝土施工时应进行温度控制，并应符合下列规定：

1) 混凝土入模温度不宜大于 32℃；

2) 在覆盖养护或带模养护阶段，混凝土浇筑体内部的温度与混凝土浇筑体表面温度差值不应大于 25℃；结束覆盖养护或拆模后，混凝土浇筑体表面以内 50mm 位置处的温度与环境温度差值不应大于 20℃；

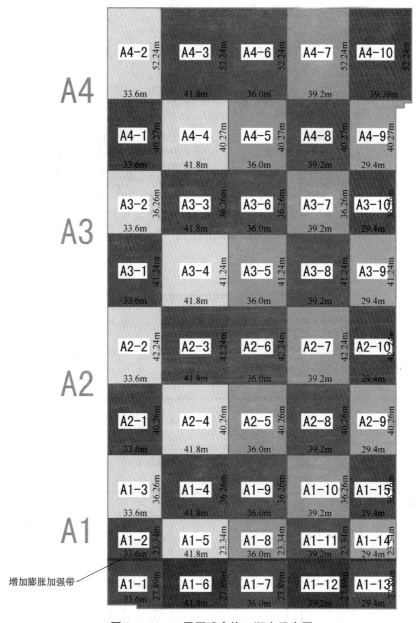

图 3.4.20 A 展厅跳仓施工顺序示意图

3）混凝土浇筑体内相邻两测温点的温度差值不应大于 25℃；

4）混凝土中心部位降温速率不宜大于 2.0℃/d。

配合比设计：应满足国际标准《普通混凝土配合比设计规范》并同时满足本设计说明要求的耐腐蚀和耐久性的要求。混凝土配制强度不得超出设计强度的 30%。跳仓法施工缝处构造加强。

（5）防止大面积混凝土产生裂缝的施工措施

1）本工程底板、外墙、顶板（含地下室和地上结构）均采用"跳仓法"施工，封仓最短间隔时间控制在 7d；

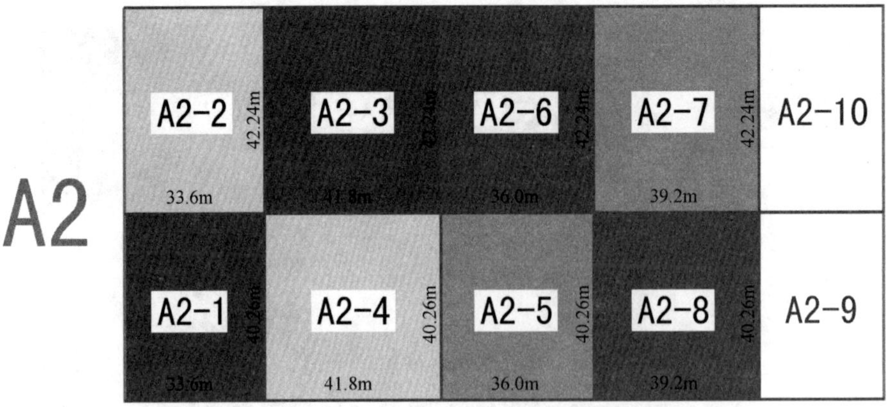

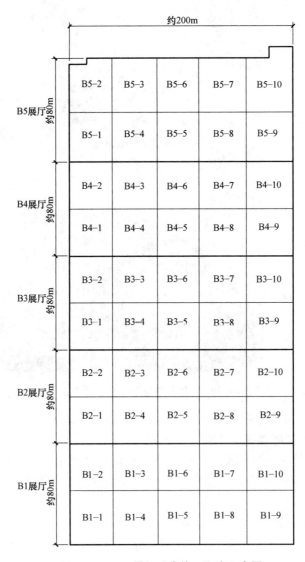

图 3.4.21 A 展厅单个展厅跳仓施工顺序示意图

图 3.4.22 B 展厅跳仓施工顺序示意图

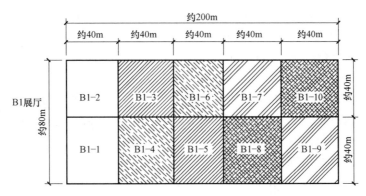

图 3.4.23　B 展厅单个展厅跳仓施工顺序示意图

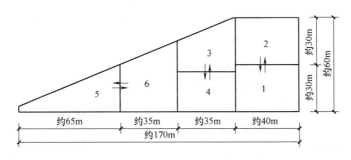

图 3.4.24　酒店跳仓施工顺序示意图

2）分块施工的施工缝采用止水钢板防水带，严格确保施工质量，达到全长度的密实连接；

3）水泥成分应优先采用发热量少的品种，严格控制骨料的含泥量，在满足施工和易条件下，降低混凝土的单位用水量，严格控制水泥用量；

4）施工中应控制拆模时间，一般来说越晚越好，拆模后应立即掩盖，防止暴晒和风吹，并要求不少于 14d 的湿养护期，尽早回填土；

5）加强保温保湿养护，预防寒流袭击，避免泡水养护又急剧干燥的措施。一般采用一层薄膜，二层毛毯的做法；

6）施工全过程应加强技术管理，应有详细的施工记录，实行严格责任制；

7）混凝土预拌强度不大于设计强度的 20%，混凝土的试配强度应提供 3d、7d、14d、28d、60d 强度并提供一部分劈裂抗拉实验；

8）原材料与配合比控制措施：

① 选择良好级配的骨料，严格控制砂、石含泥量，砂、石含泥量超标的禁止使用；

② 严格按配合比施工，所有商品混凝土必须使用同一品种、同一标号的水泥、外加剂和掺和料也要使用同一品种，砂、石料也要尽量统一，搅拌站应根据进度安排情况储存足够的砂石等原材；

③ 应选用质量稳定、强度等级不低于 42.5 级的普通硅酸盐水泥；

④ 各种衡器应定时校验，并经常保持准确；骨料含水率应经常测定，雨天施工时，应增加测定次数；

⑤ 混凝土拌合物的稠度，应在搅拌地点和浇筑地点分别取样检测，每工作班不应少于 1 次，评定时应以浇筑地点的为准；

⑥ 混凝土配合比设计应通过试配进行确定，待各项指标均符合要求后，方可用于工程中；

⑦ 商品搅拌站要控制好混凝土的入模温度（≤30℃），混凝土的出机温度通常用降水温来控制，水温温度达不到要求时就需加入冰块，以降低水温。搅拌站砂、石堆场要设有遮阳棚，以降低骨料的温度。

（6）施工技术控制措施

1）在浇筑混凝土前，模板（砖胎模）内的垃圾、木片、刨花、锯屑、泥土和钢筋上的油污等杂物，应清除干净。

2）木模板（砖胎模）应浇水加以润湿，但不允许留有积水；若有积水，应及时进行清理。木模浇水湿润后，木模板中尚未胀密的缝隙应贴严，以防漏浆。金属模板中的缝隙和孔洞也应予以封闭。

3）对于有预留洞、预埋件和钢筋密集的部位，应预先制订好相应的技术措施，确保顺利布料和振捣密实。在浇筑混凝土时，应经常观察，当发现混凝土有不密实等现象，应立即采取措施。

4）严格控制混凝土的坍落度，坍落度允许误差±30mm。坍落度应根据配合比要求严加控制，坍落度的增加应通过调整砂率和掺用减水剂或高效减水剂解决，严禁在现场随意加水以增大坍落度。

5）混凝土采用斜面分层的浇筑方法。并采取遮阳措施，减少阳光照射，降低混凝土的温升值，缩小混凝土的内外温差及温度应力。控制混凝土浇筑过程中出现冷缝，上下层混凝土之间的覆盖时间不得超过初凝时间。

6）加强混凝土的振捣，提高混凝土密实度和抗拉强度，减小收缩变形，保证施工质量。水平结构的混凝土表面，应适时用木抹子磨平搓毛两遍以上。必要时，还应先用铁滚筒压两遍以上，以防止产生收缩裂缝。

7）及时排除混凝土在振捣过程中产生的泌水，消除泌水对混凝土层间粘结能力的影响，提高混凝土的密实度及抗裂性能。

8）混凝土的表面处理：由于泵送混凝土表面的水泥浆较厚，在混凝土浇到顶面后，及时把水泥浆赶跑，或用平板振捣器振捣，浇筑 2～3h 后，初步按标高刮平，用木抹子反复（至少 3 次）搓平压实，并在初凝前进行"二次抹压"，使混凝土在硬化过程初期产生的收缩裂缝在塑性阶段就予以封闭填补，以控制混凝土表面龟裂，表面龟裂在混凝土终凝前进行二次抹光，然后及时洒水或覆盖。

9）浇筑后及时加强早期养护，提高混凝土早期或相应龄期的抗拉强度和弹性模量。混凝土表面进行覆盖养护，塑料薄膜、毛毡要覆盖严实，以防混凝土暴露，这样能有效地保持混凝土表面的水分和温度，使混凝土始终处于保温养护中，从而控制混凝土内外温差小于 25℃，防止混凝土内部裂缝的产生。外墙采用"带模"结合喷水保湿养护，外墙混凝土浇捣完成 10 小时后，安排专人洒水保持外墙模板湿润状态，并推迟外墙模板拆模时间至浇捣混凝土后 7d，外墙模板拆除后，内外侧喷淋水养护 7d 以上。内墙、柱钢筋间因不好盖塑料布，应盖两层潮湿草袋，特别注意浇水养护。底板外围采用带模养护，内模拆后应及时挂草帘洒水养护。养护时间要持续 14d 以上。当混凝土中心最高温度和大气温度相差小于 20℃时，可不再保温，仅浇水养护。混凝土在养护过程中，如发现遮盖不好，浇水不足，以致表面泛白或出现干缩细小裂缝时，要立即仔细加以遮盖，加强养护工作，充分浇水，并延长浇水日期，加以补救。

10）负弯矩钢筋宜设置通长马凳，其间距不宜超过 800mm。

11）板底钢筋保护层厚度应符合设计、规范要求，垫块数量每 0.8m² 不少于 1 个。

12）线管应敷设在板上、下两层钢筋中间，水平间距不宜小于 50mm；

① 管线敷设宜与钢筋成斜交布置或平行于板短跨方向，严禁三层及三层以上线管交错叠放，必要时宜在线管交叉处增设钢筋加强网或预埋线盒等措施；

② 线管直径大于 20mm 时宜采用金属导管。

13）地下室结构外墙及时回填土，地下车库顶板上部也及时回填土覆盖，地下室外墙高出室外地面部分应及时完成保温隔热做法。在冬期到来前地下室顶板上部尚未完成建筑装修时，地下室顶板上方采取保温措施。

14）底板与外墙施工缝应采取钢板防水措施，施工缝处采用 $\phi6$ 双向方格（80mm×80mm）骨架，加双层钢板网封堵混凝土。设止水钢板时骨架及钢板网上、下断开，保持止水钢板的连续贯通。

第4章　山地建筑的结构设计及工程实例分析

第1节　山地建筑的建筑特点

近年来，一方面，随着城市土地开发的进一步开展，平坦地带土地资源日益紧缺；另一方面，随着人们对居住环境独特性要求的不断提高，以及追求远离都市、亲近山水愿望日益强烈，地处山地环境之中的建筑以及被山地环境环绕的建筑越来越多地出现在城市的郊区或山区中。在享受建筑高低错落产生美感的同时，带来的是山地建筑结构设计的复杂性和多变性。

山地建筑设计的总体原则应使山地建筑符合地势的变化，因势利导，尽量做到顺山势而为。山地建筑设计应力图尽量少地对周边山体造成破坏和进行过度的人为改造，尽量保持原有的生态资源，最大限度地展现山地原生态的美感。山地建筑设计的最高境界就是在山地建筑建成后不但不对环境造成破坏，而是将原有的山地环境在建筑的点缀下品质提高，更加丰富多彩，尽可能地做到建筑和周边环境的天人合一。

山地建筑设计与平地建筑设计的最大区别在于可以因地制宜，利用山地的地势打造高低错落的建筑格局，以体现居高临下的开阔视野，制造出独特的立体建筑群，同时，其错落有致的景观更具有产品的唯一属性。

总体来说，山地建筑地形复杂，场地总体设计难度大，比平地建筑更需要多专业协调和通力合作。和平地建筑设计相比，山地建筑的结构设计尤其重要，需要岩土专业和结构专业全过程的参与。

本节主要以结构工程师的视角论述山地建筑中的结构设计。

山地建筑的复杂性主要体现在如下几个方面。

1. 地形复杂、竖向关系复杂

通常为了获得最佳的景观和视野，山地建筑会将建筑设置在山坡上，有的会依山傍水，将建筑群设置在整座山上或山体的一整面坡上。由于山地地形变化多端，平面上几乎没有相同的平台地形，高程上也会由于山势的原因起伏无常，场地高程变化没有规则（图4.1.1）。

2. 地质情况复杂

工程地质条件复杂多变是山地建筑地基的显著特征。在一个建筑场地内，经常存在地形高度较大、岩土工程特性明显不同、不良地质发育程度差异较大等情况。山地建筑地基设计应重视潜在的地质灾害对建筑安全的影响，应避免诱发地质灾害和不必要的大挖大填，保证建筑物的安全和节约建设投资。

建筑场地不应选择在滑坡、危岩崩塌、泥石流及岩溶、土洞、采空区可能引起的塌陷等不良地质现象地段。如因需要必须使用该类场地时，应采取可靠的防治措施。

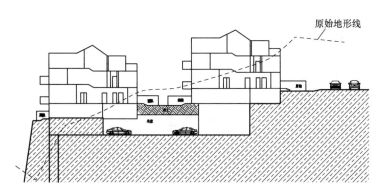

图 4.1.1　山地建筑竖向关系复杂示意图

国土资源部《地质灾害防治管理办法》第 15 条规定："城市建设、有可能导致地质灾害发生的工程项目建设和在地质灾害易发区内进行的工程建设，在申请建设用地之前必须进行地质灾害危险性评估。评估结果由省级以上国土资源行政主管部门认定。不符合条件的，国土资源行政主管部门不予办理建设用地审批手续。"

因此，在山地建筑的可行性分析阶段，需提供山地建筑的地质灾害危险性评估报告。地质灾害危险性评估包括下列内容：

（1）阐明工程建设区和规划区的地质环境条件基本特征；

（2）分析论证工程建设区和规划区各种地质灾害的危险性，进行现状评估、预测评估和综合评估；

（3）提出防治地质灾害措施与建议，并作出建设场地适宜性评价结论。

对于山地建筑项目，在开发初期的可行性研究期间，首先应提供《地质灾害危险性评估报告》。在《地质灾害危险性评估报告》的指导下开展进一步的工程地质勘察，提供工程地质勘察详细报告，以此选择合理的地基及基础结构形式，避免发生崩塌、滑坡、泥石流等地质灾害。

山地的地质情况会比平地复杂许多，地下土层或岩层的起伏变化或许会陡变，或许会完全没有过渡地从一种土层变化成另外一种土层。地下的持力层起伏会很大，或许会完全和地表土层的走向不一致。有时，还会发生持力层埋深较深的情况、地表 3～5m 都是冲积岩等杂填土等情况，无法满足结构对持力层的承载力要求。同时，山区地质情况复杂、多变，受多种因素制约，地质勘察资料准确性的保证率较低，山地地质的地下水及岩溶等构成情况复杂，经常会对山地建筑的设计带来影响，山地建筑的设计时常需要随着场地的地质情况进行调整，不能像平地建筑那样设计完成之后按图施工即可，需要在施工中随时根据局部的场地地质情况调整设计。

3. 设置挡土墙无法避免

由于山势高差的原因，山地建筑有时须将建筑布置在贴近陡峭山体部位，有时需将山体切削出分级平台满足建筑的功能要求，因此，建筑物和山体之间、建筑物和建筑物之间、建筑物和场地之间需设置挡土墙才能实现山体以及建筑物的稳定，设置各种形式的挡土墙是无法避免的（图 4.1.2）。山地建筑的结构设计，意味着不仅仅是建筑本身的结构设计，还应包含大量的挡土墙设计以及和挡土墙相关的结构设计。

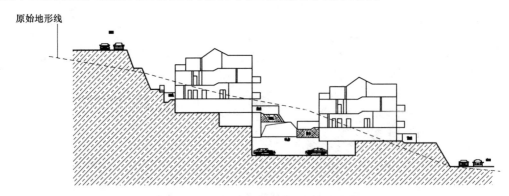

图 4.1.2　山地建筑中需设置挡墙示意图

山地建筑中的结构设计与平地建筑结构设计相比，其显著的特点是边坡对结构安全性的影响，山地建筑的地基比平地工程的地基地质条件复杂，在同一建筑场地，地形有可能存在较大的高差，岩土工程特性可能存在差异。同时，不良地质现象普遍，地表水和地下水的影响显著，结构与基础相互影响明显。另外，不同的建筑接地形式其影响程度也不同。山地建筑的地基设计时应考虑这些不利因素，重点考虑边坡自身的稳定性及动力稳定性，查明影响边坡稳定性和结构安全性的各种工程地质和水文地质情况，进行详细的评价，并采取针对性的设计措施确保边坡和结构的安全。

根据山地建筑山势的需要，挡土墙设计分为独立挡土墙设计和与地基处理、结构设计相结合的联合式挡土墙设计。

4. 道路交通复杂

山地建筑中的交通是通过设置盘山路来实现各个建筑单体的通达。在场地有限、道路面积有限、道路坡度有最高坡度限制的情况下，实现道路通达，非常不容易。如果因为交通实现不了而过多地设置道路，土地成本会因此增加许多。山地建筑为实现较少占用道路以及较多实现通达的要求，必定会带来道路设计因转弯、坡度、高差而产生的复杂情况，也会由于穿越不同高差的需要而设置较为复杂的挡土墙。因此，道路的规划和设计会和整个山地的场地稳定以及挡土墙设计相关联，使得道路设计不仅仅是一个独立的道路设计，而是一个涉及场地整体稳定和结合挡土墙设计、结合建筑设计的综合设计（图 4.1.3）。

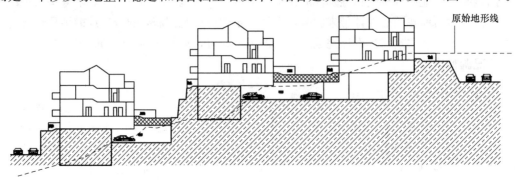

图 4.1.3　道路交通复杂

5. 市政管网复杂

在山地建筑中，那些平地建筑中敷设在道路下的市政管网需设置在盘山、多转弯的山地道路下，立体、频繁变标高的道路会使市政管网布置无论在平面上还是在立体的标高变化中都非常复杂。

山地建筑管线大多位于地下，管线的走向主要取决于地势情况，通常，管线的走势要顺应地势的走势，应避免因地势变化对管线造成的损伤。因为山地建筑仅有道路连通各建筑单体，无法实现管线在建筑单体间的自由直线通达。会出现在平面中邻近的场地或许由于存在高差而无法直接通达的情况，使得建筑的管线只能在区域内的道路下实现通达。同时，道路下敷设管线的宽度会受到道路宽度的限制。当由于道路宽度的限制需要在道路下敷设几层管线时，还需考虑电气、水管等管线分层的可能性，并且需确定分层次序的可实施性，如电缆和水管的并行、交叉的可行性。

山地建筑管线自身成本和平地建筑相比相差并不大，但由于山地多转弯和带有坡度的情况下，管线后期维修成本相对较高。在建筑规划阶段要合理规划管网走向，尽可能顺势而为，尽量减少管线总长度。

6. 景观设计复杂

景观应结合山势，因地制宜，顺势而为，山地建筑中立体景观应运而生。可将山地建筑中无法避免的、外观不甚美观的挡土墙用景观设计装饰起来。高架道路、高架桥梁下的景观设计也是独特的、平地建筑中所没有的。可以充分利用高差的变化，将挡土墙的设计结合为景观设计中的一部分，化劣势为优势，通过巧妙的景观设计将传统挡土墙的外观化解为美观的立体景观、制造立体灯光效果，变为山地建筑设计中独特的亮点。

7. 地基处理复杂

山区的场地地质情况非常复杂和多变，没有一定的规律可循。地基处理方式也多种多样，应结合场地的稳定性、结构可实施性以及造价的合理性统一考虑。同时，不同的地基处理方式也会影响建筑方案、结构方案以及景观方案（图 4.1.4）。

地基处理主要分为挖方地基的地基处理和填方地基的地基处理。必要时，应做多方案的技术比较，从中选取造价相对合理的方案。

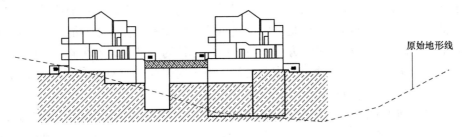

原始地形线

图 4.1.4　地基处理复杂

8. 结构设计复杂

由于山地建筑依山而建，通常会出现建筑物南、北两面或东、西两面不在一个平面上的情况。由于高差的原因，一面会比另一面多一层、两层、甚至三层，这势必会带来结构设计上的复杂。由于山地地形的制约，山地坡地底部构件约束部位不在同一平面，而且，也不能简化为同一平面的结构。通常由于山地地形的限制，会带来结构平面不规则以及竖向不规则。这会带来结构抗震设计的复杂性。山地建筑结构的总平面布局一般应遵循依山就势的原则，可采取掉层、吊脚、退台、错层、架空等措施（图4.1.5）。

同时，采用不同的地基处理方案，也会对结构方案产生比较大的影响。

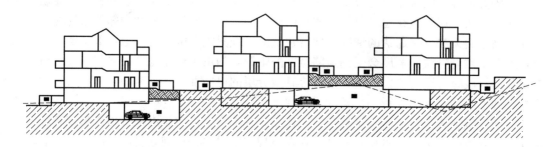

图4.1.5 结构设计复杂

9. 基础设计复杂

由于地质情况的复杂、持力层深度变化多、起伏大，势必带来基础设计的复杂。这里不仅仅涉及基础选型的复杂性，还涉及由于地质情况的多变带来的会有两种或多种基础形式共同存在的情况。而结构在规范中明确要求，对同一建筑中不建议同时采用不同的基础形式。同时，相邻场地的挡土墙设计也会对山地建筑的基础设计产生影响，需统一协调和一并考虑。再有，场地的稳定也会对区域内挡土墙的设计以及相关建筑的基础设计带来影响，需同时考虑。

山地建筑的基础设计一定不是独立的建筑基础设计，必定是结合挡土墙设计、场地地基处理、场地稳定的综合设计，漏考虑任何一项，仅考虑建筑本身的基础设计，都会带来整体设计中的安全隐患。

10. 基础施工复杂

基于地质情况的复杂性，在山地建筑施工时，现场情况会有和工程地质勘察报告不完全吻合的情况发生。一方面，即便是有山地建筑的详细勘察报告，也不能完全揭示山地建筑所有场地土层的所有情况；另一方面，由于山地建筑的基础底面不在同一个标高，变标高的边坡会由于土层不稳定的情况或施工因素，施工时发生边坡处的情况与设计不一致，需要临时根据现场情况修改设计。

同时，基础施工时还需考虑土方运输路线的场地稳定性，既要控制土方运输路线的坡度保证施工安全，又要考虑尽可能缩短土方运输路线。同时，应特别注意山地建筑场地由于施工阶段的局部土体开挖和局部堆土对场地稳定性的改变，要采取有效措施避免施工阶段的场地失稳，保证施工安全。

山地建筑施工时应充分利用和保护天然排水系统和山地植被。当须改变排水系统时，应在易于导流或拦截的部位将水引出场外。在受山洪影响的地段，应采取相应的排洪措施。山地环境脆弱，地表水是改造山地环境的主要因素。山地建筑施工时应避免对天然排水系统的破坏，否则在排水系统再造过程中，会造成洪灾、泥石流等灾害。

第2节 山地建筑结构设计对建筑的影响

山地建筑由于地基处理和基础设计较为复杂，实施方案需涉及的因素比平地建筑设计多许多。山地建筑中的建筑设计和场地地基处理、结构基础设计、场地道路设计、场地挡土墙设计等有着密不可分的关系。山地建筑应结合山地地形、岩土边坡条件和建筑功能等因素布置。应充分利用地形、地貌，平面和场地竖向高程设计应考虑山地斜坡的走向和坡角，依山就势，避免对原地貌进行大开挖和深填方，采用合理的山地建筑结构形式（图4.2.1）。山地建筑设计时应尽量减少对环境的影响，可因地制宜采用掉层结构、吊脚结构等形式。山地建筑修建于山地上，建筑布置应充分考虑山地的地形地貌特点和道路规划情况，如建筑位于坡顶道路旁，坡下空间利用价值不高，可采用不开挖坡地的结构布置方案，如吊脚结构；若建筑位于坡底道路旁，坡下空间利用价值高，可适当开挖形成具有不同嵌固面的掉层结构，可根据岩土边坡高度及稳定性情况确定分阶数量。由于山地结构不规则程度大，建筑布置方案阶段应与结构专业加强配合，重视结构布置和边坡支护的合理性。

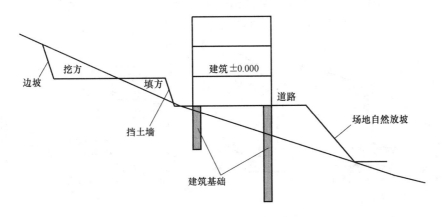

图 4.2.1 山地建筑的主要关系示意图

因此，山地建筑方案和平地建筑方案不同的是，山地建筑方案一定是建筑、总图、岩土、结构、道路交通、市政管网、景观等多专业全面协同和配合的产物。山地建筑设计应该着重注意以下问题。

1. 结构专业的早期介入

结构专业在山地建筑的方案阶段就应该参与进去，预先判断建筑方案的结构可行性。建筑师应充分考虑结构工程师和岩土工程师的意见，以此调整建筑方案，使建筑方案成为一个可真正实施的方案，而不是纸上谈兵、空中楼阁。

2. 既有山地的稳定性

山地建筑应特别注意，在工程地质勘察报告中应有现有场地的稳定性和适宜性评价。

这在山地建筑设计中非常重要。如果发现在工程地质勘察报告中未能明确体现对场地稳定性的评价，以及未做出该场地适宜作为建筑场地的评价，应要求工程地质勘察报告单位补充提供，该结论应该是山地建筑设计的基础工程地质条件。

3. 布置建筑单体后未来山地建筑的稳定性

建筑总图布置需考虑山地地形地质以及结构合理性。通常工程地质勘察报告中往往不会提供未来布置了建筑群后的场地的稳定性。需要特别注意，在山地建筑中应要求工程地质勘察报告补充提供布置建筑单体后未来场地的稳定性评价。这是保证山地建筑场地稳定和安全最基本的条件，不可忽视。

应在山地建筑的建筑方案确定后，要求勘察单位就该建筑方案对场地的稳定性作出分析和判断，得出场地稳定的结论后方可作为该建筑方案成立的先决条件。场地的稳定包含全部建筑的整体场地稳定和局部建筑单体场地的稳定。

4. 挡土墙的可实施性

所有挡土墙方案应与建筑师充分沟通。挡土墙是实现场地高差变化时采用的构件，挡土墙分许多形式：重力式挡土墙、悬臂式挡土墙、扶壁式挡土墙、锚杆、锚定板式挡土墙、板桩墙等。不同形式的挡土墙其结构构造是不同的，对建筑场地和外观的影响会产生不同的效果。用于山地建筑的挡土墙的形式见图4.2.2。

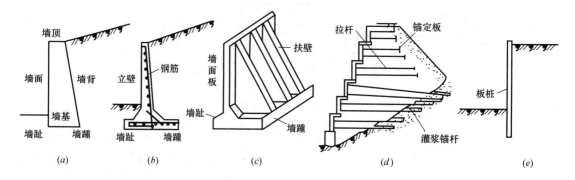

图 4.2.2　用于山地建筑的挡土墙主要类型

(*a*) 重力式挡土墙；(*b*) 悬臂式挡土墙；(*c*) 扶壁式挡土墙；(*d*) 锚杆、锚定板式挡土墙；(*e*) 板桩墙

山地建筑设计中确定挡土墙方案需考虑的因素：

1) 建筑规划中对山地建筑场地边界、场地高度的限制性要求；

2) 山地建筑中景观设计对挡土墙造型的要求；

3) 山地建筑中场地设计对分级台地高度的要求；

4) 山地建筑中地基土的构成类别；

5) 山地建筑中建筑物和边坡距离的影响。

山地建筑设计中挡土墙设置应遵循以下原则：

1) 挡土墙数量越少越经济，挡土墙高度越矮越经济；

2) 可考虑结合放坡形式降低挡土墙的高度；

3) 可通过多级挡土墙将高挡土墙化解为多级低挡土墙；

4）山地建筑中常用的毛石挡土墙的合适高度为小于 5m；

5）可采用锚定板挡土墙或加筋土挡土墙设计处于回填土地质条件的高挡土墙。

山地建筑设计中挡土墙设置的技巧：

1）主动控制挡土墙的高度，避免大面积的挖方和回填，降低土方造价；

2）研究是否可降低挡土墙的高度，采用分级式挡土墙，降低挡土墙造价；

3）研究比较选择合适的挡土墙方式，使建造成本和建筑效果互相妥和融合；

4）结合景观设计，美化挡土墙，使其成为山地建筑设计独特的亮点。

5. 避免深开挖、高填方基础

在开始建筑方案的同时，岩土工程师和结构工程师就应该介入，探明场地的自然地面和持力层标高关系，避免在总图规划时将建筑物布置在山地建筑的深开挖区域、高填方区域上。

6. 挡土墙和建筑结构相结合

根据山地建筑山势的需要，挡土墙设计分为独立挡土墙设计和与地基处理、结构设计相结合的联合式挡土墙设计（图 4.2.3）。

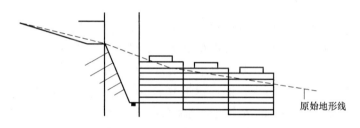

图 4.2.3　挡墙和建筑的关系

7. 因现场情况调整设计

由于山地地质情况的复杂性，山地建筑设计中的挡土墙设计、边坡设计与实际施工时的现场情况会有差异，这时候需要岩土工程师和结构工程师全程配合和参与建筑设计，随时核查设计和实际场地的地质情况差异，确认结构设计是否在每个部位仍然合理。

施工现场的工程师应及时跟踪和了解现场情况，如果发现现场条件和设计条件不相符时，应及时通知结构设计人员，需要时需调整设计。有时，由于结构设计条件的限制，还需要调整山地建筑的建筑设计方案，以满足现场的工程地质条件。

由于山地场地的复杂性，会带来验槽工作的复杂性，经常会遇到场地内的土质和地质勘察报告不一致的情况，设计单位还需会同地质勘察单位共同解决，与工程地质勘察报告不一致的地方需逐一处理。有时由于局部场地土层情况变化特别大，工程地质勘察报告无法体现几米范围内的土层变化情况，甚至可能要像绣花一样地把基础落在持力层上。

山地建筑工程设计对于结构专业来说，设计工作量远远大于常规平地建筑设计的结构设计的内容，主要体现在结构设计的基础设计中。山地建筑的基础设计内容还包含地基处理以及和基础设计相关的挡土墙设计等内容。常规意义上的结构设计的完成，在山地建筑中只能说是完成了一部分，还有很大一部分的工作是基坑开挖后，因每步高程中都会出现因不同地质情况的差异，需要针对现场情况进行结构设计的调整。对于山地建筑设计中的结构设计，施工配合的工作量比平地建筑设计大许多。

8. 道路的设置

道路、桥梁的设计是山地建筑设计中很重要的一个环节，要充分研究建筑方案，在满足道路最大坡度要求的情况下控制道路、桥梁的高度，避免修建过高的道路、桥梁。高的道路、桥梁需增设挡土墙，或带来挡土墙高度的增加。

山地建筑设计中道路、桥梁的设计应遵循以下原则：

1) 道路总长最短原则；
2) 局部坡度最大原则；
3) 垂直等高线的道路，坡度越陡，路径越短；
4) 依附等高线走势原则；
5) 道路尽可能沿等高线布置原则；
6) 通过调整道路标高，可实现减少边坡、减少挡土墙数量。

9. 土方挖填量最少原则

在建筑方案确立的源头，建筑师应该和岩土工程师以及结构工程师一起研究山地的原始地形地貌以及未来山地建筑规划的竖向标高关系，分析场地自然标高、持力层标高、未来山地建筑设计标高的关系，在建筑方案的形成过程中就应该有岩土概念、结构概念，有自然地面和持力层标高关系的概念，即在建筑方案中避免大量的削山以及大量的填谷。

应该思考如何能在山地建筑的持力层标高关系中顺势而为，将持力层深的区域因势利导顺势设计成地下室，而将持力层浅的区域不设计或少设计地下室，减小埋深、减少土方开挖。而不是像现在有些山地建筑设计那样，在建筑方案阶段存在无视山地建筑的岩土和结构概念，逆势而为，在持力层浅的区域设计了地下室，造成了许多的土方开挖；而在持力层深的区域建筑功能中并未设置地下室，并没有很好地将建筑功能和岩土及结构概念有机地考虑在建筑方案中，造成了人为的不合理和浪费。

山地建筑设计中的土方量与成本密切相关，山地建筑的设计要根据地势设计建筑物单体的排布并根据地势及地形进行各单体的建筑设计。山地建筑设计中无论是道路设计还是建筑单体设计，都可通过减少土方量来控制成本。

由于在山地建筑的施工中，填土成本要高于挖土成本，往往填土还要涉及场地的稳定性设计以及地基处理的内容，因此，在道路设计、建筑单体高差消化等方面要进行合理的研究和规划，调查和研究场地的自然标高、持力层标高，根据建筑高程需要，在建筑方案的源头充分研究和比较场地的利用、地下室的设置等因素，减少和避免大量的填土工作量，以实现土方挖填量最少，达到降低成本的目的。

10. 土方平衡设计

山地建筑设计中在满足建筑功能的前提下，应尽量实现土方平衡设计。在设计中注意考虑以下几点：

1) 在山地建筑设计中应采取土方平衡原则。这个"土方平衡"方式是针对整个项目的土方平衡，而不是针对局部范围的土方平衡，仅对局部范围采取局部土方平衡是不可取的设计理念；

2）在山地建筑设计中总平面标高应考虑整体土方平衡，同时，在地下室设计中应考虑建筑地下室的挖方因素；

3）在山地建筑设计中场地挖填方的处理有以下方式：

① 场地内缓坡方式

在山地建筑的设计中以中部场地的自然标高为基准，实现整个场地内的大缓坡，整个场地内的坡度平稳过渡，实现整体土方平衡。这种方式较多地运用在场地较大、整体坡度较小、较小的场地坡度不影响建筑使用功能等的前提下（图 4.2.4）。

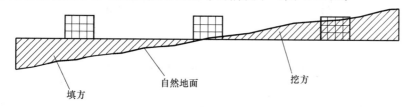

图 4.2.4　基础和缓坡的关系

② 场地内台地方式

在山地建筑的设计中以中部标高为基准，将整个场地顺着坡度方向划分为若干个台地，每个台地内实现土方平衡，进而实现整体土方平衡。这种方式较多地运用在山地建筑设计中场地整体高差较大的情况，每个台地之间若距离足够长，可采取自然放坡的方式；若距离不够长，则高差处需设置挡土墙（图 4.2.5）。

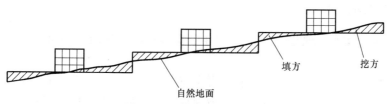

图 4.2.5　基础和台地的关系

③ 两种土方平衡方案优缺点比较（表 4.2.1）

两种土方平衡方案优缺点比较　　　　　　　　　　　　表 4.2.1

	场地内缓坡方式	场地内台地方式
优点	1. 整个场地土方平衡； 2. 场地内没有台阶，道路设计灵活方便； 3. 地下管线铺设随室外地形，场地内单体建筑之间管线连接方便	1. 通过每个台地内土方平衡实现整个场地土方平衡； 2. 土方运送路线较短； 3. 可结合分期建设的划分设置台地； 4. 造价较低； 5. 施工时间及总施工周期较短
缺点	1. 场地内土方运送路线较长； 2. 整体土方平衡或许和分期建设的分期冲突，造成局部土方暂时不平衡； 3. 对于填土较深处建筑的基础需做地基处理； 4. 造价较高； 5. 施工周期较长	1. 场地内有台地，台地间道路需单独设计； 2. 地下管线铺设需考虑台地的影响； 3. 台地间需设置挡土墙

11. 土方与挡土墙的关系

山地建筑设计中由于场地建筑功能的要求，有时需要设置高填方地基。高填方地基并不意味着一定要设置高挡土墙。山地建筑设计中可利用场地平面条件，采用场地内 1∶1.5～1∶2 的放坡，替代设置挡土墙；或将高挡墙化解为低挡墙和放坡；也可将高挡墙化解为多级低挡墙（图 4.2.6 和图 4.2.7）。

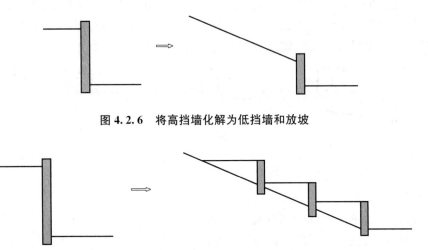

图 4.2.6　将高挡墙化解为低挡墙和放坡

图 4.2.7　将高挡墙化解为多级低挡墙

12. 边坡支护设计

在山地建筑设计或山地建筑的道路设计中要求切削山体时，须进行永久性边坡支护设计。

山地建筑中的高大边坡设计意味着会带来较高的建设成本，避免在山地建筑设计中设置较高边坡对节约造价影响非常重大。山地项目建筑规划方案的竖向设计应充分考虑减少对山体的切削，以减少较高边坡的数量。在山地建筑中设置过高的挡土墙，一方面会造成土方量过大，建造成本增加；另一方面，也会使建筑与环境的融入程度受影响，突兀的连续高挡墙也会使人感受到不适和不安全感。

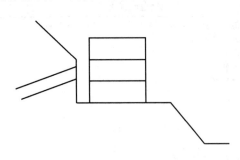

图 4.2.8　高边坡独立挡
土墙和建筑物的关系

山地建筑的高边坡支护体系与建筑物结构体系应注意采取分离式设计，环境挡墙宜与建筑的基础分开设置。用于高边坡支护的独立挡土墙体系和建筑物结构单体分别自成体系，结构受力不相互影响，这时不需要考虑建筑单体和高边坡支护体系的相互影响（图 4.2.8）。当结构主体兼做支挡结构时，应考虑基础与上部结构的变形协调，在斜面或坡顶上建造的高层和重要的建筑物宜采用桩基础、适当降低坡高、减缓坡角等措施。

　　一般来说，山地建筑设计中边坡支护的数量和成本与建筑容积率基本成正比，也就是说，山地建筑中较多的高边坡会给整个山地建筑场地内创造较多的平台空间，因而可以创造出较高的容积率。

13. 山地建筑处理高差的结构方式

　　山地建筑设计和平地建筑最大的不同就是需要解决由于山地地势产生的高差，结构设计中常用的消化高落差的方式主要有四种：架空式、吊脚式、掉层式、退台式（图 4.2.9～图 4.2.12）。

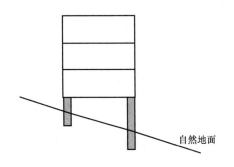

图 4.2.9　高落差的消化方式——架空式

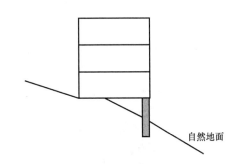

图 4.2.10　高落差的消化方式——吊脚式

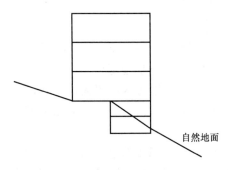

图 4.2.11　高落差的消化方式——掉层式

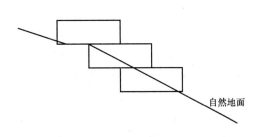

图 4.2.12　高落差的消化方式——退台式

14. 山地建筑的地下室设计

　　山地建筑设计中的地下室设计应注意采取以下设计内容：

（1）地下室设置原则

　　山地建筑地下室设置原则应顺势而为，而不是逆势而为。也就是说，应顺应山地坡度设置地下室，目的是最大限度地减少土方的开挖量，利用山势的坡度，以最少的土方开挖，形成地下室的地下高度。这时，建筑方案需结合场地的坡度和走势、结合岩土视角中地下室最佳位置而调整，而不是像平地建筑那样，以建筑功能作为地下室位置设计的首要先决条件，不需要考虑场地产生的限制和制约。所以，在山地建筑设计中，好的建筑方案的最终确定应全面考虑岩土、结构方案的合理性和可实施性，而不是机械地将建筑方案"硬着头皮"实施。优秀的山地建筑设计是在设计中考虑岩土、结构制约条件，不断修改，逐步完善（图 4.2.13）。

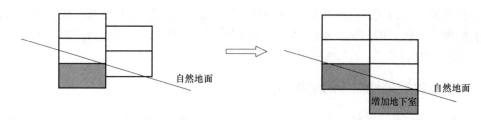

图 4.2.13　地下室应顺坡的走向

（2）地下室层数设置原则

山地建筑地下室设计中，地下室层数应均匀设置，不宜在局部设置较多层数的地下室，而在其他部位不设置地下室，使得地下室层数相差较多。在有可能的情况下，尽量使地下室的设置顺山势呈阶梯状，而不是逆山势布置地下室（图 4.2.14）。

图 4.2.14　地下室应顺坡台阶式布置

（3）填方区设置地下室

对处于填方区域的山地建筑当采用天然地基时，若原设计为无地下室或局部地下室，可考虑增设地下室。增设地下室带来的成本增加，和回填土地基处理相比，可减少地基处理环节，而且施工较为方便，还能节约工期。将山地建筑的填方区设置成地下室，结构上技术可控，是经济可行的结构方案，在建筑方案设计中应考虑这个因素（图 4.2.15）。

（4）地下室成本比较

山地建筑设计的地下室设计，根据地下室设置形式的不同成本也不同。

成本最低的地下室形式：全架空式地下室，其成本与上部结构基本相同（图 4.2.16）。

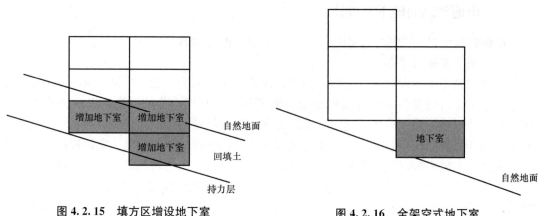

图 4.2.15　填方区增设地下室　　　　图 4.2.16　全架空式地下室

成本次之的地下室形式：开敞式半地下室，其一侧（或几侧）为开敞空间，另一侧（或几侧）为山体（图 4.2.17）。

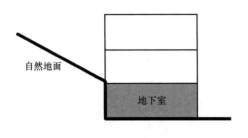

图 4.2.17　开敞式半地下室

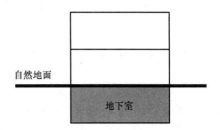

图 4.2.18　全地下室

成本最高的地下室形式：全地下室（图 4.2.18）。

15. 院墙设计中的结构设计

山地建筑设计中的院墙设计是山地建筑中独特的构件设计，由于需要根据地势和建筑场地高程而建，院墙基础设计通常有三种情况：

1）院墙地基为原状土层时，其基础形式可采用条形基础。经过强夯处理过的回填土也可采用同样的基础形式。

2）院墙地基回填土深度较浅时，可采用柱下独立基础，院墙设置在柱间梁上（图 4.2.19）。

3）院墙地基回填土深度大于 4m 且回填土未处理时，院墙基础宜采用桩基或地基处理

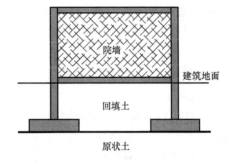

图 4.2.19　院墙采用独立基础

后采取设置条形基础的方式。此时的桩基可采用小直径的预制桩，包括混凝土预制管桩、混凝土预制方桩、钢管桩等。

16. 庭院设计中的结构设计

和院墙设计一样，山地建筑设计中庭院设计也需要结构设计进行配合，建筑设计中对结构设计的理解可优化建筑设计。庭院设计时应注意以下几个方面：

1）全部由挡土墙围起来的庭院，当回填土较高时，采用结构架空板的形式就可以避免高回填土，结构架空板一方面可作为挡土墙的支座，降低挡土墙成本；另一方面，降低了庭院内的填土厚度。这种处理方式会整体降低建造成本，需要注意的是在确定结构架空板标高时就决定了庭院覆土的厚度，当覆土厚度过小时会影响庭院可种植植物的种类，另外，这样设计时庭院内还需注意排水沟的设置；

2）当挡土墙内侧为庭院、外侧为建筑景观时，挡土墙高度不宜过高，应做到最小；

3）对于庭院外高差大的庭院，建议采用多级挡土墙的形式消化高差；

4）对于半地下室庭院，当周边挡土墙高度小于 1.2m 时，可采用砌块墙砌筑；当周

边挡土墙高度大于 1.2m 时，宜采用钢筋混凝土挡土墙。

第3节　山地建筑结构设计及优化方法

1. 山地建筑设计中工程地质勘察要求及场地的稳定性的判断

1）充分研究已有工程地质勘察资料，从地形地貌宏观上确定拟建场地所在的地质单元，查明影响场地稳定性的不良地质作用，如滑坡、高边坡或岸坡的稳定性，断裂、破碎带、地裂缝及其活动性，岩溶及其发育程度，有无古河道、暗浜、暗塘、洞穴或其他不良地质现象及其分布范围、成因、类型、性质，判断对场地稳定性的影响程度；

2）确定合理的拟建场地位置及其范围，对有直接危害的不良地质作用，应予以避让，对虽有不良地质作用存在，但经技术经济论证可以治理的场地，应提出整治方案及所需的岩土工程技术参数；

3）对处于边坡附近的建筑场地，应对滑坡体进行勘察，验算滑坡稳定性，分析判断整体滑动的可能性；对存在滑坡可能的地段，应确定安全避让距离，提出整治措施，包括滑坡体周边地表排水和地下排水方案；

4）对处于复杂地形地貌环境下的场地，分析评价发生崩塌、泥石流等不良地质现象的可能性，建议处理措施；

5）对全新活动断裂、发震断裂和正在活动的地裂缝，应选择合理的避让措施或地基处理措施；

6）在抗震设防区，应查明拟建场地类别，判定属于抗震有利、不利或危险地段，判明地震液化、震陷可能性，提供抗震设计动力参数，必要时应进行地震安全性评价；

7）在地面沉降持续发展的地区，应收集地面沉降历史资料，分析地面沉降的分布范围、沉降中心、沉降速率及沉降量，预测地面沉降发展趋势，评价对场地的影响程度，建议应对措施；

8）在地下采空区，应查明采空区上覆岩土的性质、地表沉降特征，分析评价拟建工程可能遭受的影响程度，进行拟建场地、地铁线路方案的比选，明确最佳方案；

9）对于山地建筑，建议和勘察单位做进一步沟通，在现有情况下，确定工程中施工阶段临时边坡可采用的最大坡度容许值（高宽比），用该数值指导工程施工阶段的放坡。在场地局促、满足不了放坡容许值的情况下，应采取有效支护措施，保证坡体安全；

10）当边坡上建筑物离边坡较近时，需验算坡体的稳定性；

11）有可能的情况下，结合建筑景观和园林绿化的设计，设置永久性自然边坡，坡度容许值按勘察报告数值取用。

12）山地建筑结构设计，应结合场地开挖形成的挡土墙与主体结构的实际关系和治理后的岩土边坡稳定性监测结果采用动态设计法，必要时应对设计进行校核、修改和补充。山地建筑结构常形成边坡，由于提供给设计的勘察结果常与实际地质水文条件不相符，故应根据边坡的检测结果对山地建筑结构及边坡进行动态设计。

对山地建筑的工程地质详细阶段的勘查任务，除应满足规范要求的详勘要求外，还应满足如下要求：

　　1）提供基坑开挖的边坡稳定计算参数和支护方案的建议，论证基坑开挖对周围已有建筑和地下设施的影响；

　　2）提供基坑施工中地下水控制方案的建议，论证基坑施工降水对周围环境的影响；

　　3）对于山地建筑地基边坡的开挖，应提供边坡开挖的最优坡形和坡角建议；

　　4）分析边坡和建在坡顶、坡上建筑物的稳定性，对坡下建筑物的影响；

　　5）提出不稳定边坡整治措施和监测方案的建议；

　　6）对于填方基础提出基础形式建议及设计技术参数；

　　7）场地和边坡的地震动力效应的影响；

　　8）施工过程中，因挖方、填方、堆载和卸载等对山坡稳定性的影响。

2. 山地建筑设计中高填方区域及地基处理

　　1）在山地建筑的总图设计中应尽可能减少大量的土方回填，尽量控制填土高度在3m以下。地下车库顶板上若有过高的填土，将会使山地建筑造价增加。可根据建筑功能的需要考虑设置地下室，由于高填方区基础本身成本已不可避免，这时设置地下室所额外增加的造价并不多了。可在高填方区域增设地下室，将地下室底板底标高下落到地基持力层上，避免地基处理。另外，地库顶板可采用斜板或台阶的方式降低车库顶板的覆土深度。

　　2）当山地建筑的建筑单体设置在填方区域上时，填土方案需与建筑地基处理方案同时考虑。过高的填方将会使地基处理所占建筑造价比例增加较多。

　　3）山地建筑设计需结合场地要求及山地建筑的工程特点，高填方区域建议采用以下地基处理方式：

　　① 换填垫层法

　　垫层可选材料：砂石、粉质黏土、灰土、粉煤灰、矿渣等。换填垫层法的优点是用料可因地制宜，可采用场地便利的材料。采用换填垫层法进行地基处理时应结合场地的边坡支护设计共同考虑，在保证边坡稳定的前提下进行施工。

　　山地建筑场地内高回填土的处理原则：山地建筑设计中当回填土厚度小于3m时，可采用换填垫层法的地基处理方式。采用级配砂石、粉质黏土、灰土、粉煤灰、矿渣等材料分层夯实，并要求压实系数不小于0.95；当回填土厚度大于3m时，应采用其他地基处理的方式进行处理。强夯处理方式是较常用的处理方案，强夯处理后土体的承载力可达120kPa，压缩模量可达到5MPa，密实度可达到0.93。

　　② 桩基础

　　当山地建筑场地的岩层持力层较浅时，可采用以端承桩为主的桩基础，这时采用桩基础的优点是桩长较短。需注意的是建筑桩基与边坡支护挡土墙的结构构件应保持一定的水平距离，山地建筑场地内的边坡必须是完全稳定的边坡，必要时桩基设计应结合场地的边坡支护设计共同考虑，在保证边坡稳定的前提下进行桩基施工。

　　③ CFG 复合地基

　　山地建筑设计的地基处理可采用 CFG 复合地基的地基处理方式，其优点是材料可因地制宜，施工技术成熟，对处理3～5m左右填土较为经济。同样，山地建筑中的 CFG 复合地基处理应结合场地的边坡支护设计共同考虑，在保证边坡稳定的前提下进行施工。

　　山地建筑设计中一般当地基的回填土高度大于4～5m时，基础的选型可采用桩基、

CFG 复合地基，或通过设置地下室及结构架空层采用天然地基。

3. 地基基础设计

（1）桩基的选型原则

山地建筑施工中，由于天然场地存在坡度的影响，施工所需的操作平台无法保证，桩基的施工机械不方便运输到山上并在每个桩位施工，因此，钻孔灌注桩施工较为不便，人工挖孔桩适用范围较为广泛，预应力管桩和钻孔灌注桩仅在施工条件许可的情况下使用。

当采用桩基础时，桩基的竖向刚度中心宜与建筑主体结构永久重力荷载重心重合。这时需注意，山地建筑结构的"桩基的竖向刚度中心"以及"建筑主体结构永久重力荷载重心"较普通结构有较大不同（图 4.3.1）。

因地质和地形、地势等条件所限，山地建筑施工中桩基较为常用的桩型为人工挖孔桩。人工挖孔桩施工方便、速度较快、不需要大型机械设备，但挖孔桩井下作业条件较差、环境恶劣、劳动强度大，需在保证安全和质量的前提下采用。

山地建筑的桩基设计中，无论是为了满足承载力需要还是由于相邻地基不能满足稳定性要求时，均可采用人工挖孔桩。

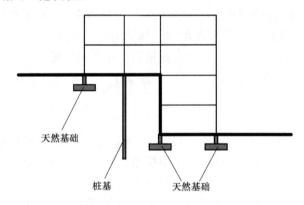

图 4.3.1　山地建筑中采用桩基示意

当山地建筑的地质情况存在大量孤石时，桩基采用人工挖孔桩的桩型更为适用。因为如采用预应力管桩，则孤石会造成数量较多的断桩。

当山地建筑的地质情况为无孤石且场地比较平整时，可采用预应力管桩。

当山地建筑的地质情况为无孤石且场地人工挖孔桩易塌孔时，也可考虑采用泥浆护壁钻孔灌注桩。

结构单元的基础不宜设置在性质截然不同的地基上。一般情况下，同一结构单元不宜部分采用天然地基、部分采用桩基。由于岩石地基刚度大，基本上可不考虑不均匀沉降，故同一建筑物中可允许使用多种基础形式，如桩基与独立基础并用，条形基础、独立基础与桩基础并用等。岩石地基时可部分采用天然地基部分采用桩基，但应考虑水平荷载对桩基的不利影响。可采取增强桩基的水平变形能力、桩顶设刚度较大的拉梁、增大楼板刚度等处理措施。

为了提高地震作用下桩基的水平抗力，可以采用下列措施：

1）加大基础承台埋置深度及提高基础承台的整体刚度；

2）加强桩顶与承台的连接构造，如加长桩嵌入承台内的长度等措施增加桩顶约束；

3）桩顶以下一定范围内箍筋加密；

4）地下室外墙与周边支护结构间采取可靠措施，保证水平力传递。

位于斜坡或邻近坡顶的桩基础应考虑桩与坡地的相互影响，并应符合以下规定：

1）桩基不宜采用挤土桩。

2）桩基应设置在边坡或斜坡潜在破裂面以下足够深度的稳定岩土层内。

（2）天然地基的设计原则

山地建筑设计中的地基必须满足稳定性和抗倾覆性要求，其基础持力层的埋深宜小于 3m。同时，应充分了解和评估持力层等高线和地基高差情况，研究和评估地基持力层变化和高差可能对施工带来的影响，判断采用天然地基的技术可靠性以及基础方案对成本的影响。

　1）相邻基础高差的处理

① 错台处理方法

山地建筑设计中当天然地基持力层底标高存在高差时，且相邻基础高差相差不大时，可采用错台处理方式（图 4.3.2）。

对于一般黏土、粉土、黏质粉土、粉质黏土：基础高差与水平距离之比 $H:L=1:2.0$；

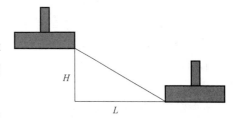

图 4.3.2　基础错台解决相邻基础高差

对于强风化岩：基础高差与水平距离之比 $H:L=1:1.5$；

对于中风化岩：基础高差与水平距离之比 $H:L=1:1.0$。

② 倾斜地基梁处理方法

山地建筑设计中当天然地基持力层底标高存在高差时，且相邻基础高差相差不大时，也可采用倾斜基础梁的处理方式。这时建议基础梁和基础倾斜角度最大取为 26°，也就是错台高差与水平距离比满足 1:2 时的角度关系（图 4.3.3）。

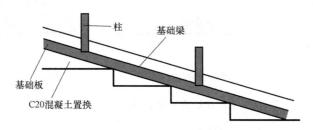

图 4.3.3　倾斜基础梁解决相邻基础高差

③ 地基处理方法

山地建筑设计中当天然地基持力层底标高存在高差时，且当相邻基础高差相差较大时，相邻基础存在稳定性问题。可对较低标高基础下的地基土采用回填置换法进行处理，较低基础设置在地基处理后的土体上，解决土体的整体稳定性问题，使不稳定土体变为稳定土体。地基处理土体的高度根据相邻基础的稳定性要求设置，地基处理土体的高度满足相邻基础稳定即可，不需要将相邻基础的高差高度的土体全部置换，相邻基础高差高度的土体全部置换会带来造价较大幅度的增加（图 4.3.4）。

回填置换材料种类可选用毛石混凝土、素混凝土、级配砂石、水泥石粉等。

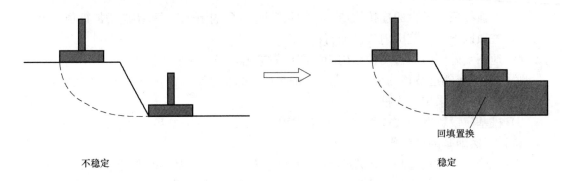

不稳定　　　　　　　　　　　　　　　　　　稳定

图 4.3.4　地基处理方式解决相邻基础高差的稳定性

2）挡土墙基础的处理

山地建筑当其多层地下室的挡土墙和上部柱重合在一起时，其基础形式一般设置为条形基础，而不采用柱下独立基础的基础形式（图 4.3.5）。

3）相邻基础高差处理方式

山地建筑设计采用天然地基时，一定要特别关注相邻建筑的基础以及与相邻建筑基础的高差

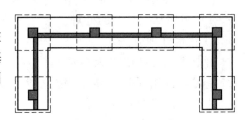

图 4.3.5　多层地下室挡土墙下宜设置为条形基础

关系，核查相邻基础的距离和高差关系，验算其是否满足基础的稳定性要求。

在山地建筑设计中当发现山地建筑的天然地基土层标高情况与勘察报告中的设计条件不符，当实际持力层标高低于设计基础基底标高时，有以下两种处理方法（图 4.3.6）：

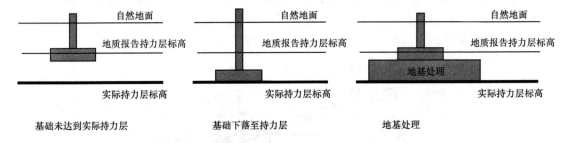

基础未达到实际持力层　　　　　基础下落至持力层　　　　　　地基处理

图 4.3.6　天然地基持力层标高低于设计条件时的处理

① 将基础设计标高调低，使基础下落在持力层上。需注意此时最下层的结构计算层高增加，当增加的层高大于 2～3m 时可考虑增设结构架空层，以满足不改变原有结构构件截面的要求；

② 维持基础标高不变，对基础下持力层之上的土层进行置换处理。如置换为毛石混凝土、水泥石粉渣、级配砂石、素混凝土等，使其承载力要求达到原有设计要求。

4）土岩组合地基的处理

对于土岩组合地基，应加强地基受力层范围内土岩结合部位的构造处理，并加强基础及上部结构的刚度。对于孤石或石芽出露的地段，宜在基础与孤石或石芽接触的部位采用褥垫处理。对于石芽密布地段，可用稳定的石芽作持力层，石芽间的土层宜用混凝土

置换。

（3）相邻建筑的基础关系

山地建筑设计中由于场地起伏，建筑单体之间存在高差，使得相邻建筑之间的基础也存在高差，相邻建筑的基础相互关系往往容易忽视。山地建筑结构设计须重点关注相邻建筑基础的相互影响和稳定性。相邻建筑的基础稳定以及基础的相互作用，是山地建筑基础设计的主要内容（图 4.3.7）。

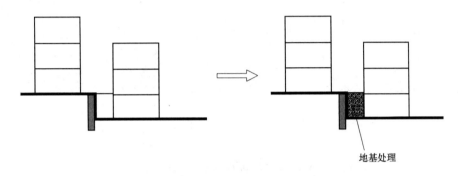

地基处理

图 4.3.7　相邻建筑基础的相互稳定

（4）相邻建筑的错台处理

在山地建筑设计中，相邻建筑的基础采用错台设计是较为常用的处理方式。

通常，在山地建筑设计中的相邻建筑错台高差与水平距离比可取 1：2，这时，相邻建筑的基础可以相互实现场地的稳定性要求。

边坡上的建筑，因地基一侧临空，相应地基承载力有可能降低。因此，基础工程设计时不仅应进行边坡稳定性验算，还应进行边坡地基承载力验算（图 4.3.8）。

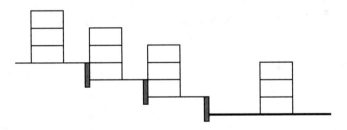

图 4.3.8　相邻建筑高差设置错台

4. 山地建筑结构设计

（1）结构体系

山地建筑结构体系应根据建筑抗震设防类别、抗震设防烈度、建筑高度、结构材料、接地类型、地基条件和施工工艺等因素，综合技术经济比较确定。结构材料宜采用钢筋混凝土结构、钢结构，也可采用多层砌体结构。

其中钢筋混凝土结构可采用框架、剪力墙、框架-剪力墙、简体和板柱-剪力墙结构体系；钢结构可采用框架、框架-中心支撑、框架偏心支撑（延性墙板）、框架-屈曲约束支撑结构体系。

（2）结构形式

山地建筑可结合山地地形及水文地质情况，采用掉层、吊脚等结构形式，并采用相应的合理结构接地类型。山地建筑结构主要有如图4.3.9所示的掉层、吊脚、附崖和连崖等几种形式，其中最为常见的为掉层结构和吊脚结构。

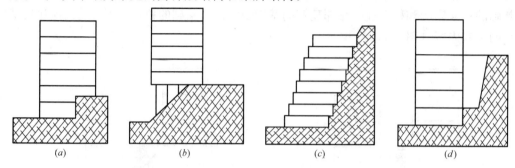

图4.3.9　山地建筑结构形式
（a）掉层；（b）吊脚；（c）附崖；（d）连崖

山地建筑结构设计可按接地类型分为掉层结构、吊脚结构。

接地类型指山地建筑结构嵌固端不在同一平面，其与地面或边坡的连接形式，可在同一结构单元内有两个及以上不在同一平面的平面嵌固端或倾斜嵌固端等。

掉层结构：在同一结构单元内有两个及以上不在同一平面的嵌固端，且上接地端以下利用坡地高差按层高设置楼层的结构体系（图4.3.10和图4.3.11）。

上接地端：掉层结构中位于高处的嵌固端。

下接地端：掉层结构中位于低处的嵌固端。

上接地层：掉层结构中，高处的嵌固端所约束及连接的结构整体楼层。

掉层：掉层结构中位于上接地端以下的所有楼层。

上接地端楼盖：掉层结构中连接掉层部分与上接地端的楼盖。

上接地层楼盖：掉层结构中上接地层的顶楼盖。

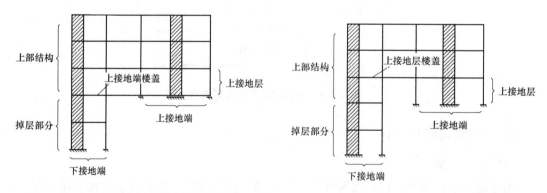

图4.3.10　掉层结构（设置上接地端楼盖）　　**图4.3.11　掉层结构（未设置上接地端楼盖）**

吊脚结构：顺着坡地采用长短不同的竖向构件形成的具有不等高约束的结构体系（图4.3.12）。

（3）基础嵌固条件的有效性

山地建筑结构设计时假定各接地端为嵌固，因此，需采取措施确保基础嵌固条件的有

效性。应采取措施保证场地及边坡的稳定
性。重要建筑物基础宜避开高陡的坡体边
缘，避开可能产生的边坡滑塌区域。山地
建筑设计时，山地结构应尽量设置在地质
条件较好的地基和稳定的边坡上，对边坡
体应进行稳定性评定和边坡支护设计，边
坡必须达到稳定且严格控制变形，支护设
计时需考虑罕遇地震作用下边坡动土压力
对支护结构的影响，要求达到罕遇地震作
用下边坡结构不破坏的性能要求。

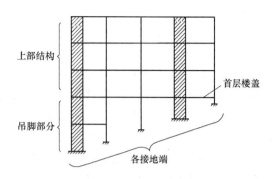

图 4.3.12　吊脚结构

（4）适用高度

结构高度界定对判断山地建筑结构为多层或高层、结构最大适用高度和抗震等级的确
定等影响较大。计算房屋高度时，山地建筑结构适用高度和宽度除应符合现行国家标准
《建筑抗震设计规范》GB 50011、《高层建筑混凝土结构技术规程》JGJ 3 的相关规定外，
尚应符合下列规定：

1）对掉层结构，当大多数竖向受力构件都嵌固于上接地端时（接地部分结构抗侧刚
度不小于本层结构总刚度的 80%），在边坡稳定及变形得到有效控制的前提下，结构受力
特性将主要取决于上接地端以上部分，结构高度可从上接地端起算；

2）对吊脚结构偏保守取较低接地端起算；

3）房屋宽度可按上接地端以上部分房屋宽度计算。

（5）结构布置及计算原则

1）山地建筑具有先天不规则的特点，主要体现在结构竖向不规则、扭转不规则。在
一个独立的结构单元内建筑平面、立面和剖面形状宜规则、简单，抗侧力构件布置宜均
匀、对称，其侧向刚度变化宜均匀，避免结构侧向刚度和承载力发生突变。

2）山地建筑的结构应设计成双向抗侧力结构。

3）结构平面布置应减小扭转影响。应避免较多数量的长短柱共用和细腰形平面可能
造成的整体结构扭转的不利影响。

山地结构由于天生的不规则性，扭转效应明显，因此设计时应尽可能合理布置结构，
减小扭转的不利影响。对于掉层结构，当多数抗侧力构件位于上接地端时，可加强与连接
掉层部分与上接地端的上接地端楼盖；当多数抗侧力构件位于下接地端时，可不设置掉层
与上接地端的连接楼盖，上接地竖向构件底部可采用滑动支座；其他情况时，可采用调整
构件截面及增减剪力墙布置等措施。对于吊脚结构，吊脚部分竖向构件刚度分布宜尽可能
均匀。

4）山地高层结构同一结构单元不应采用同时具有两种类型及以上的复杂结构形式；
并宜合理设置防震缝，减少复杂和不规则程度。

5）尽量避免在山地建筑设计中采用转换结构。

6）山地建筑设计中应避免结构竖向不规则与掉层结构刚度突变部位重合。

7）山地建筑结构抗侧刚度应满足下列要求：

吊脚结构：吊脚部分抗侧刚度分布宜均匀，且不宜小于上层相应结构部分的抗侧刚

度；对吊脚结构，吊脚部分竖向构件长短不一，刚度差别较大，应尽可能采取措施减小刚度不均匀程度，避免较大的扭转效应；同时要求吊脚部分与上层对应部分的刚度比不小于1，避免吊脚部分形成薄弱层。

掉层结构：上接地部分和掉层部分分别按现行国家规范的规定验算层抗侧刚度比，且上接地层掉层范围内结构抗侧刚度不宜小于上层相应结构部分的抗侧刚度。对掉层结构，以上接地面为界，分别控制上、下两部分结构的抗侧刚度比，控制上接地层掉层范围内结构刚度，减小扭转效应。

8）当为吊脚结构时，吊脚部分层间受剪承载力不宜小于其上层相应部位竖向构件的受剪承载力之和的 1.1 倍；当为掉层结构时，掉层层间受剪承载力不宜小于其上层相应部位竖向构件的受剪承载力之和的 1.1 倍。

9）山地建筑结构不宜兼作挡土墙。当主体结构兼作挡土墙时，应考虑主体结构与岩土体的共同作用及其地震效应。

10）山地建筑结构均应进行地震作用计算。

(6) 计算及构造措施

1）下列部位的楼盖宜采用考虑楼板面内弹性变形的计算模型进行补充内力分析：

吊脚结构接地层、掉层结构，上接地层有拉梁时的上接地端楼盖、掉层结构，无拉梁时的上接地层楼盖。

2）下列抗侧力构件的地震剪力宜适当放大：

掉层结构，掉层部分的框架柱、吊脚结构，吊脚部分的框架柱。

3）接地柱与掉层部分需采用拉梁连接。接地层上一层框架梁按偏拉构件设计。

4）山地建筑结构不应将坡地面以上结构构件按基础设计，应按地上结构设计。坡地面以上结构构件从受力特点看属于上部结构，若按基础进行设计配筋率过低，地震中易发生破坏。

5）吊脚结构首层楼盖、掉层结构接地端楼盖及未设置接地端楼盖时的上接地层楼盖不应采用楼层错层。

吊脚结构的首层楼盖具有协调吊脚柱与接地柱之间变形，有效分配和协调竖向构件间水平力的作用，掉层结构上接地端楼板或上接地层楼盖具有相同作用。当楼层错层时，由于楼板不在同一平面内，削弱了楼板平面内刚度，减小了对竖向构件间的变形、内力的协调能力。

6）应避免楼板开大洞的构造，尤其是吊脚结构首层楼盖、掉层结构接地端楼盖及未设置接地端楼盖时的上接地层楼盖。

7）山地高层剪力墙结构应设置足够的剪力墙，避免全部采用短肢剪力墙。

8）吊脚结构首层及以下的外侧剪力墙、掉层结构上接地层及以下的外侧剪力墙，应尽量避免采用一字形剪力墙。一字形剪力墙延性及平面外稳定性均较差，当一字形剪力墙处于受扭转效应影响明显的结构外侧时，对结构弹塑性抗震性能削弱较多。

9）吊脚结构的吊脚柱不应采用异形柱，平面薄弱部位不宜采用异形柱。吊脚结构扭转效应较为显著，对吊脚柱限制采用力学性能相对复杂的异形柱，有利于保证结构抗震性能。

10）山地建筑结构剪力墙底部加强区的范围，各类结构中剪力墙底部加强区均从上接地端起算，可取从上接地端起算的底部两层和墙体总高度的 1/10 两者中较大值，并向下延伸至各接地端。

11) 吊脚结构吊脚柱及接地层柱，掉层结构上、下接地层柱，均为抗震性能控制的关键部位，为保障其抗震性能，应适当加强并箍筋全柱段加密。

12) 吊脚结构首层及掉层结构上接地层框架梁配筋应适当加强并保证纵向通长钢筋的数量，梁纵向通长钢筋的数量可按提高一级抗震等级的框架梁取用。

13) 吊脚结构首层楼盖、掉层结构上接地端接地楼盖宜采用梁板体系。其楼盖楼板厚度不宜小于 120mm，高层应适当加厚，楼板配筋均采用双层双向通长布置，各向配筋率不小于 0.25%。

5. 山地建筑设计上部结构和地基基础设计整体考虑

山地建筑结构由于接地部位不在一个标高上，对应有上接地框架部位和下接地框架部位，应考虑上接地框架和下接地框架分别在上接地面和下接地面嵌固的作用，需同时增强上接地柱和下接地柱的延性构造措施。还需同时考虑结构与相邻挡土墙的相互关系和相互作用。

6. 山地建筑设计的成本控制

在山地建筑设计中控制成本的因素很多，主要包含以下几个方面：

(1) 土方控制

山地建筑的土方设计对工程量的影响非常大，最理想的状态是能达到填方和挖方的平衡，使得土方的运输成本达到最小，也符合绿色环保节能节材的理念。

(2) 道路规划

在满足建筑功能的情况下实现最短道路，是实现道路设计成本控制的核心环节。

(3) 挡土墙设计

山地建筑中比较适用的挡土墙有：

1) 重力式挡土墙：一般用块石、砖或混凝土筑成，它是靠挡土墙本身所受到的重力保持稳定，通常用于高度小于 5m 的较低挡土墙。特点是结构简单、施工方便，而且可以就地取材，对地基承载力要求较高，工程量较大，沉降量较大。适用于墙高小于 5m 且地基承载力较高的地段。

2) 悬臂式挡土墙：多采用混凝土材料。特点是截面较小、施工方便，对地基承载力要求不高。适用于墙高大于 5m 且地基土质较差的地段。

3) 扶壁式挡土墙：当挡土墙高度大于 10m 时，为了增加悬臂式挡土墙的抗弯刚度，沿墙长纵向每隔 0.8～1.0 倍墙高设置一道扶壁。特点是工程量小、对地基承载力要求不高。适用于墙高大于 10m 的且地基土质较差的地段。

4) 锚杆挡土墙：由墙面板、立柱、锚杆组成的轻型支挡结构。特点是结构轻、柔性大、工程量少、造价低。工艺较复杂，适用于地基承载力较低、墙高要求较高的地段。

5) 加筋挡土墙：由面板、拉筋组成。依靠填土、拉筋之间的摩擦力使填土与拉筋结合成一个整体。特点是结构轻、刚度大、设计施工简单。适用于坡地的稳定和加固。

由于不同挡土墙的构造不同、外观不同，造价也会相差较大。如何在满足建筑功能需要、施工便捷需要、结构合理、不破坏局部景观的前提下，设计出适用、经济、美观的挡土墙，直接对山地建筑的成本产生较大影响。同时，因地制宜，就地取材，也会对控制挡土墙的直接成本产生很大影响。

（4）地基处理方式

地基处理是提高地基承载力，改善其变形性能或渗透性能而采取的技术措施。在山地建筑中，不仅仅是提高地基承载力，有时是为了保证场地的稳定性要求，也需要进行地基处理。地基处理的方式有许多，如换填垫层、预压地基、压实和夯实地基、复合地基、注浆加固、微型桩加固、桩基础等处理方式。如何在那么多的地基处理方式中选出适合的地基处理方式，对山地建筑的成本控制有很大的影响，必要时应进行地基处理方案的比较，选择出适用、经济、美观的地基处理方案。

（5）基础选型

现浇钢筋混凝土基础是经济实用的结构形式。山地建筑适用的基础形式有：独立基础、条形基础、筏形基础、桩基础。对于山地建筑，基础的选型大多会和地基处理以及基础标高的选取等问题交织在一起，基础结构方案需和地基处理、场地稳定等问题一起综合考虑才能成立。因此，不同的基础形式，连带着不同的地基处理方式，会带来造价的很大不同，需仔细研究和比较不同方案，才能得出哪种基础方案更加经济合理的结论。

（6）管线设计

山地建筑管线设计方案也直接影响整体造价。山地建筑管线方案也有多种选择，可将管线设置在道路下采用直埋的方式，也可采用地下管廊的方式，将管线布置在设计好的地下管廊中。地下管廊可以采用现浇方式，也可采用预制构件。

第 4 节　工程实例分析

1. 工程概况

北京门头沟某住宅小区，属于在北京开发的首个山地居住小区项目（图 4.4.1）。

项目地块地形北高南低，场地南北落差 60m。建筑类型主要为低层、多层低密度别墅及洋房类居住建筑。项目整体充分体现"穷尽山居梦想，挖掘休闲情趣"的设计思路，力求将项目打造成为北京西部的健康养生之地，休闲度假之所。

整体规划设计依山就势，使建筑与山体形成有机的整体，尽量使山体的形态不受大的破坏，建筑成为"风景中的建筑"。主力户型为低层联排及叠拼别墅类住宅、多层平层洋房。

建筑风格为西班牙地中海风情，建筑造型富于变化，立面装饰丰富多彩。

地下车库顺应山地的地形地势，方便停车及入户，联排住宅各户均设置户内独立电梯，叠拼别墅设置地库入户电梯，住宅档次及品质均较高。

2. 项目的结构特点

该项目为北京地区第一个房地产开发山地项目，建设场地地形地貌及地质情况非常复杂，单体建筑独特，每栋建筑各不相同，户型独特唯一。涉及的山地建筑的复杂性主要表现在以下几个方面（图 4.4.2～图 4.4.4）：

图 4.4.1　门头沟某住宅小区总图

1）山地建筑，地形复杂；

2）场地落差约 60m，竖向设计复杂；

3）地质情况复杂，持力层起伏较大，有挖方基础，也有填方基础；

4）场地与建筑的关系复杂；

5）建筑重复率低；

6）地形高差造成的变化，形成了每栋建筑的复杂性和多样性；

7）建筑单体与地库的关系复杂；

8）地下车库与上部建筑柱网不对应；

9）地基基础设计与场地地基处理内容交叉；

10）复杂园林结构；

11）别墅建筑风格为欧式古典建筑风格，建筑形体变化多，形式复杂，装饰烦琐，屋盖及外立面构造复杂。

3. 结构设计的主要条件

（1）建筑结构的安全等级和设计使用年限

建筑结构的安全等级：二级。

结构的设计使用年限：50 年。

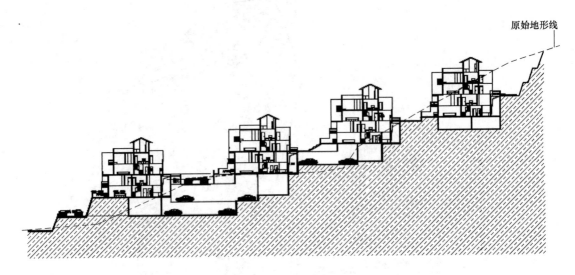

图 4.4.2　建筑群剖面一

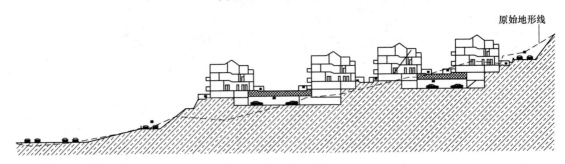

图 4.4.3　建筑群剖面二

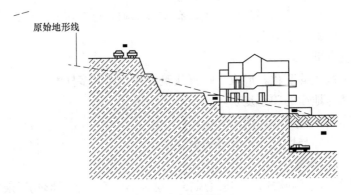

图 4.4.4　建筑剖面三

地基基础设计等级：乙级。

地下室的防水等级：二级。

（2）自然条件

基本风压：0.45kN/m^2。

地面粗糙度类别：B 类。

基本雪压：0.40kN/m²。

场地的标准冻深：1.0m。

场地的工程地质及水文地质条件：详见《岩土工程勘察报告》。

（3）抗震设防的有关参数

本工程地区抗震设防烈度为 7 度，设计基本地震加速度值 0.15g，设计地震分组为第一组，抗震设防类别为丙类，场地土类别Ⅰ类。

（4）荷载标准值

1）恒荷载

屋面、楼面、地面以及建筑隔墙的恒荷载标准值根据本设计任务书建筑部分要求使用的材料、墙体厚度及装修标准计算确定。对于清水房或者存在二次装修的标准房，均按照精装修标准确定恒载。

2）使用活荷载

住宅：2.0kN/m²。

设备机房：7.0kN/m²，并根据各专业提供的荷载采用。

消防楼梯 3.5kN/m²。

地下停车库　4.0kN/m²。

屋顶花园（不考虑覆土）3.0kN/m²。

电梯及空调机房 7.0kN/m²。

设备荷载，根据各专业提供的条件进行设计。

其他未列荷载按国标 GB 50009—2001（2006 年版）取值。

（5）主要结构材料

1）钢筋

基础底板、梁、柱、楼板主筋采用 HRB400，其他钢筋根据施工可区分性及经济性原则，选用 HRB400、HRB335 及 HPB300 等。

2）混凝土（表 4.4.1）

混凝土强度等级　　　　　　　　　　　　　　　　　　　　　　　　表 4.4.1

构件部位	混凝土强度等级	备　注
基础垫层	C15	
基础	C30	地下室底板采用抗渗等级为 P8 的防水混凝土
地下室外墙	C35	地下室外墙采用抗渗等级为 P8 的防水混凝土
主体墙、柱	C35/C45	多层/高层
板、梁	C30	
楼梯	C30	
构造柱、圈梁、现浇过梁	C20	
后浇带	采用比相应构件部位混凝土强度等级高一级的微膨胀混凝土	
标准构件	按标准图集的要求	

3）砌体：填充砌体采所在地普遍采用的轻质材料

4）型钢、钢板、钢管：Q345

4. 结构选型和体系

本建筑方案为山地，北高南低，落差约 60m。由联排别墅（三层）、洋房（六层）、爬山别墅（二～四层）群组成。总建筑面积约 13 万 m²。各类型住宅均设有一层或局部设有二层地下车库。

该方案的特点是建筑群依山而建，由于场地落差大、道路、竖向标高复杂，楼座类型多，无论是建筑群与外部场地之间，还是场地内部建筑单体与道路间，有时是建筑单体和地下车库之间，由于地势和高差的原因，均需要设置挡土墙解决标高落差问题，同时，还要根据需要设置独立挡土墙或结合建筑单体情况设置联合挡土墙。协调处理好挡土墙与建筑单体的关系是山地建筑设计的核心问题。同时，由于建筑竖向设计的要求，局部场地需填土高达 3m 或以上，这会带来建筑单体需设置在高填土地基上的情况，涉及需要结合场地稳定性分析对填土区域进行地基处理。填土基础的地基处理和高边坡以及边坡稳定都是山地建筑结构设计非常重要的方面。

多层住宅（联排别墅、洋房、爬山别墅）：采用抗震性能较好的钢筋混凝土框架剪力墙结构体系或钢筋混凝土框架结构体系。该结构形式可以便于建筑功能的灵活布置，实现合理布置。

楼盖采用现浇钢筋混凝土梁板体系。有效利用结构布置满足建筑立面造型和节能环保要求。上部结构宜结合建筑单元合理设置永久缝。

5. 地质分析

1）场区内局部小断层均为前第四纪的小断层，对区域稳定性无影响，无采煤形成的采空区，无泥石流、滑坡、崩塌、液化等不良地质作用，现有斜坡无变形、崩塌、掉块等变形迹象，场地地质构造简单，水文地质条件简单；场地地形坡度 11°～17°，部分区域基岩裸露；经过现场调查，场区内现有边坡未见变形迹象，整体基本稳定。

2）本场地在勘探深度范围内未观测到地下水，地基土未被污染，可不考虑地下水、地基土对建筑材料的腐蚀性。

3）本工程土层可划分为三大类：

① 人工填土层力学性质较差，不能选作建筑物的基础持力层。

② 混合土起伏大，层厚不均，不宜作为基础持力层。

③ 全风化砂岩起伏大，层厚不均。强风化，中风化砂岩及砾岩，地基承载力高，为本场地主要的基础持力层。

6. 基础选型

多层住宅（联排别墅、洋房、爬山别墅）：天然地基，可采用独立基础、条形基础或筏板基础，基础持力层根据勘察报告选取用强风化砂岩层。

根据本场地持力层的深度、持力层复杂分布、地上结构的竖向构件不均匀布置、基底标高的多变化以及建筑防水等多方面考虑，最终确定本工程的基础形式为：

地库：梁板式筏形基础，板厚为 300mm。

楼座：梁板式筏形基础，板厚为 250mm。

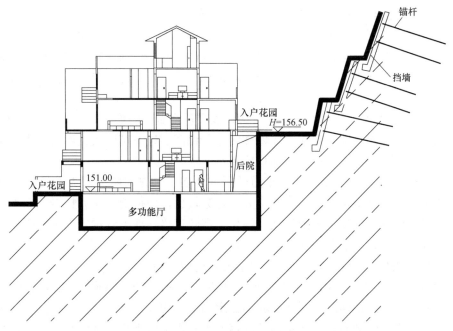

图 4.4.5　挡墙与建筑的关系

在施工时设置温度后浇带解决地下室超长混凝土收缩温度应力问题。

填土区域的地基需进行地基处理,采用以下三种方式:

(1) 地基处理;

(2) 设置结构架空层;

(3) 桩基础。

同时,场地内独立挡土墙的设计在保证边坡稳定的同时,还应保证相邻建筑单体的稳定以及相邻道路的稳定(图 4.4.5)。

基础类别分为填方基础和挖方基础,针对基础选型,分别做了独立基础和筏板基础的比较,对于持力层情况、建筑防水、填土情况、基础整体性、构件设置、地下室外墙、适用性、对详勘/审图建议的满足等情况分别进行了分析,详见表 4.4.2 基础选型比较。

7. 结构设计重点

1) 本工程因地处山地,地势起伏很大,场地内南北向落差达 60m,地形、地貌复杂多变,主要特点如下:

① 拟建场地为丘陵区,地形西北高东南低。场地红线周边支护方案不仅经济合理,还需考虑地形排除洪水、疏导泥石流,以免对建筑造成不利影响。

② 场地内高差起伏较大,局部落差达 8~10m。为保证场区稳定,又节省投资,结构根据情况采用设置挡土墙和结构架空层两种方案,还要利用安息角以减小挡墙投资,又要兼顾利于市政管线的综合排布。

③ 场地大开挖与大回填区域并存。最大开挖与最大回填量均达到 10m 左右。

④ 基底标高众多。因建筑随坡布局,且持力层随地形而变化,导致结构基底标高

众多。

2）本工程建筑户型上下不对齐，结构构件布置困难。

① 对于多层住宅，结构为保证结构构件（梁和柱）不突出室内，结构方案可采用异形柱结构，这就要求结构在地上不能出现转换构件。此外，因建筑户型布局，导致除楼梯间、电梯井和分户墙上下对齐外，其他墙体很难上下对齐。这就对结构构件的布置提出很高的要求。

② 多层住宅下为大开间的地库，结构在该层适当做了转换处理，车库顶板为转换层，地上为别墅用的柱网，地下车库为车库柱网。既保证了地下车库大柱网的要求，又满足地上别墅户型对开间的要求，而且净高均能满足要求。

③ 地下车库柱网由于车位和行车道的限制，在一个方向跨度较大，另一个方向跨度较小，两个方向跨度不均匀，且在一个方向跨数较少，使得地下车库柱网在双方向受力不平均。同时，地下车库顶覆土因景观、绿化、市政道路、地下管沟等要求的限制，覆土标高变化较复杂，使得地下车库结构受力复杂。

3）本工程别墅外立面造型以及屋顶坡屋面造型复杂。

① 本工程别墅外立面和屋顶造型非常复杂，结构仅通过平面图已很难表达清楚其空间关系。故结构采用平面图、立面图和剖面图相结合的表达方式，力求把其空间关系展示清楚。通常工程中的剖面都是建筑图的内容，本工程中由于坡屋顶的复杂构造，结构专业增加了许多结构剖面，来表达在屋脊的变化中相关结构构件的相互关系和构造，避免由于空间关系不清楚产生的结构构件受力关系的错误，造成梁、板钢筋在不正确的区域连接或截断，直接影响结构安全。

② 别墅屋顶的老虎窗设置数量较多，且为保证室内效果，在大部分在洞口处不允许设梁。结构为此采用了挑板、折板、三面支撑板和两面支撑板等多种方案，以保证其建筑效果。

③ 异形柱结构的柱截面仅有 200mm，这就对结构的构造措施提出较高要求。如为保证梁钢筋锚固，结构采取了小直径钢筋和机械锚固的方法。

4）土方开挖、边坡支护、施工和设计各方需紧密配合。

① 本场地内挡土墙形式众多，有红线挡土墙、场区挡土墙和结构挡土墙。

② 本场地内结构形式众多，有单体楼座、架空市政道路和纯地下车库。

③ 本场区涉及机械众多，有土方开挖机械、基坑边坡支护机械和结构主体施工机械。

④ 只有土方开挖、边坡支护、施工和设计各方需紧密配合，设计出合理的结构图纸，制定出合理的施工方案，才能使土方顺利开挖，挡墙顺利支护，结构顺利施工，挡墙和结构都实现其预想的功能和效果。

针对建筑方案，结构设计开展了以下问题的研究：

（1）研究地库方案

由于别墅区、联排别墅区以及洋房区均属于三层以及六、七层多层建筑，设置一层地下车库对整体而言地下车库占整体造价比重较大，所以合理的地库方案对整体造价影响较大。

（2）研究地库和场地高差的关系

现有建筑方案中地库均采用东西方向带状设置，而在地形图中东西方向的楼座均有高

表 4.4.2

基础选型比较

基础形式	简图	持力层情况	建筑防水	填土情况	基础整体性	构件设置	地下室外墙	适用性	对详勘/审图建议的满足
填方基础 独立基础＋防水板	地下室结构标高　防水板　250　800　2400　填土　独立基础	基础下落至持力层	不推荐采用	较高　在高方区填土高达 3～5m	一般	1. 独立基础 2. 防水板 3. 高填土	外墙独立设基础	整体性较差，填土质量影响外墙安全，填土较高时，填土较难满足，需同时满足抗倾覆	1. 详勘要求对抗震不利地段，需对结构采用加强措施，基础未取加强措施。尽量落在相同土层上。部分基础高差较大，控制沉降差。由于持力层不同土层落，基础落在不同土层上。独立基础不能控制沉降差、控制变形，独立基础不能很好地协调变形、控制沉降差
筏形基础	地下室结构标高　结构板　架空层　650　700　筏板基础	基础下落至持力层	推荐采用	无	好	1. 筏形基础 2. 结构板（无防水板）	外墙落到筏板基础上，整体性较好，质量有保障	适用　基础落在不同土层上时，筏板基础能很好地协调变形，控制沉降差	1. 详勘要求对抗震不利地段，需对结构采用加强措施。2. 审图单位要求：基础在相同土层上。尽量落在相同土层上。部分基础高差较大，筏板基础较大，筏板基础能很好地协调变形。由于持力层不同土层落，基础落在不同土层上。筏板基础能很好地协调变形，控制沉降差

续表

基础形式	简图	持力层情况	建筑防水	填土情况	基础整体性	构件设置	地下室外墙	适用性	对详勘/审图建议的满足
独立基础＋防水板	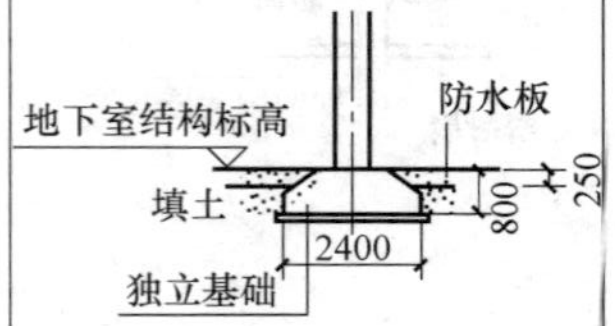 防水板 250 800 2400 地下室结构标高 填土 独立基础	基础已在持力层上	不推荐采用	较少	一般	1.独立基础 2.防水板 3.少量填土	外墙独立设基础，整体性较差，质量安全；外墙埋深同时需满足抗倾覆	楼座与地库柱网多数不规则，大部分已相连；仅有少数分区域基础，实际上已成分区基础，但由于筏形基础有少数拉通，整体仍可保证基础落在不同土层上，独立基础不能很好地协调变形，控制沉降差	1.详勘要求对抗震不利地段，需对结构采用加强措施，基础未采取加强措施。2.审图单位要求落在相同土层上，部分基础落在不同土层上，由于持力层高差大，基础落在不同土层上，独立基础不能很好地协调变形，控制沉降差
筏形基础	650 700 250 地下室结构标高 填土 筏板基础	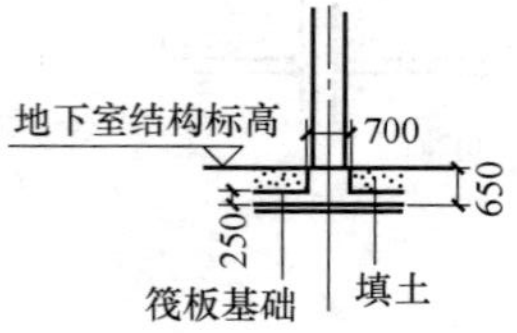 基础已在持力层上	推荐采用	较少	好	1.筏形基础 2.少量填土（无防水板）	外墙落到筏板基础上，整体性较好，质量有保障	适用。基础落在同一土层上时，筏形基础能很好地协调沉降变形，控制沉降差	1.详勘要求对抗震不利地段，需对结构采用加强措施，筏板基础即有所措施之一。2.审图单位要求落在相同土层上，部分基础落在不同土层上，由于持力层高差大，基础尽量落在相同土层上，以控制沉降差；筏板基础能很好地协调变形，控制沉降差

挖方基础

低落差，如何在地库设置中消化这些落差，应参照道路的设置综合妥善考虑。如果地库设计中也沿用这样的落差，无疑会增加坡道面积而降低地库使用面积。而如果采用东西向底平的做法，会带来局部由于地面上建筑物标高不同的要求在地库顶板上填土较多，较不经济。

（3）研究地库层数

对于地库顶填土超过 4、5m 的部位，建议通过综合考虑是否多设置一层地下室。

如果由于找平标高的原因使得地下车库顶板覆土过厚，超过 2~3m，则较不经济和不合理。研究是否可通过多设置一层地下室来减少覆土厚度。

（4）研究独立挡墙和结构相结合

由于场地内建筑容积率的限制，场地内独立挡土墙和建筑物的距离非常近，若将挡土墙和建筑物分别设置基础，由于独立挡土墙和建筑物之间的距离已经很狭小，独立挡土墙基础和建筑物基础会产生相连和冲突的问题。独立挡土墙和建筑物分开施工时，会由于基础相碰撞，使得施工无法实现。为解决这个矛盾，建议建筑群内独立挡土墙基础尽量与非常邻近的地下车库基础及顶板结合起来设置，将住宅主体结构的设计与挡土墙设计相结合，综合考虑结构场地的整体稳定性、结构的合理性、施工的便利性、成本的经济性等因素，以此确定挡土墙边坡、建筑的上部结构及地下车库及基础的结构形式。

（5）研究结构和竖向设计的关系

综合协调考虑建筑竖向设计和绿化、景观设计，尽量减少建筑群内独立挡墙数量或降低独立挡墙高度，以节约造价。

（6）重视设防水位标高

设防水位的高度会直接影响结构体系的确定，需请业主提请勘察单位在详勘中明确给出山地的设防水位标高。

由于山地标高不同，自然地面标高相差很大，应由工程地质勘察报告明确给出不同楼座分别的设防水位标高。设防水位标高对纯地下室部分是否考虑抗浮问题影响较大。

（7）研究边坡开挖坡度

和勘察单位做进一步沟通，在现有情况下，确定本工程中施工阶段（临时边坡）可采用的最大坡度容许值（高宽比），用该数值指导本工程施工阶段的放坡，并应做好坡面、坡脚的排水和防护设计。

在场地局促、满足不了放坡容许值的情况下，应采取有效支护措施，保证坡体安全。

当边坡上建筑物离边坡较近时，需验算坡体的稳定性。

（8）研究永久边坡的设置

在有可能的情况下，尽量结合建筑景观和园林绿化的设计设置永久性自然边坡，坡度容许值按工程地质勘察报告中的"岩石边坡坡度容许值"数值取用。

（9）研究高填方区域及地基处理

总图设计中应尽可能减少大量填土方，尽量控制填方在 3m 以下。地下车库顶板上有过高的填土将会使建筑造价加大。建议对地下车库在过大填方区域可结合建筑功能要求采取局部增设一层地下室方式，或在地下车库顶板采用斜板或台阶的方式，以降低覆土深度。

当建筑单体设置在填土上时，填土方案需与建筑地基处理方案同时考虑。过高的填方将会使地基处理所占建筑造价比例增加较多。

（10）研究地基处理方式（图 4.4.6～图 4.4.13）

结合场地要求及本工程山地建筑的特点，填土区域建议采用以下地基处理方式。

1）换填垫层法

垫层可选材料：砂石、粉质黏土、灰土、粉煤灰、矿渣等。优点是用料可因地制宜，可采用场地便利的材料。采用该方法进行地基处理时应结合场地的边坡支护设计共同考虑，在保证边坡稳定的前提下进行施工。

2）桩基础

本场地的持力层较浅，且都是强风化岩，可采用端承桩。采用桩基础的优点是桩长较短。需注意的是建筑桩基与边坡应保持一定的水平距离，场地内的边坡必须是完全稳定的边坡，必要时应结合场地的边坡支护设计共同考虑，在保证边坡稳定的前提下进行施工。

本项目采用桩基进行地基处理的优点：能满足整体抗滑要求；缺点：①施工难度大，施工速度慢；②费用较高，与架空方案相比费用略高；③雨期施工危险；④桩头防水难以解决。

3）CFG 复合地基

优点：材料可因地制宜，施工技术成熟，对处理 3～5m 左右填土较为经济。同样应结合场地的边坡支护设计共同考虑，在保证边坡稳定的前提下进行施工。

4）结构架空层

将基础下落至持力层，通过设置结构架空层避免地基处理。可以为业主节省地基处理的费用，减少施工环节，从而缩短工期。

本项目采用结构架空层方案进行地基处理的优点：①满足楼座埋深要求；②对整体稳定性有利；③与桩基比较，施工速度快。缺点：造价相对较高。

采用设置结构架空层进行地基处理的方式，是将地基处理转化为结构设计的方式。将地基处理简化为结构设计。不单单是解决了结构问题，同时节省了地基处理的费用。会带来整体用钢量和用混凝土量的增加，当业主提出由于采用了结构架空层而使得用钢量增大时，应全盘考虑在设置结构架空层的同时节省了地基处理费用的问题。

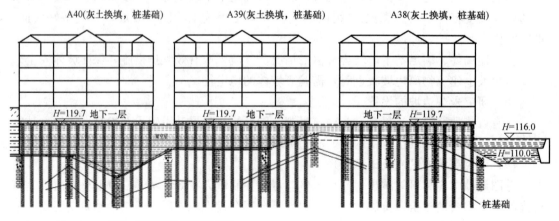

方案一：地下室下直接做桩基础
方案二：地下室下架空一层再做桩基础

图 4.4.6　地基处理方案

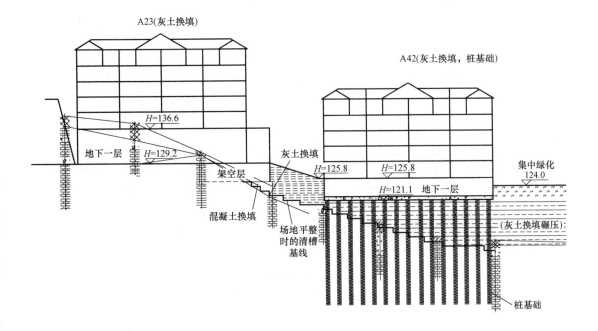

图 4.4.7　地基处理方案

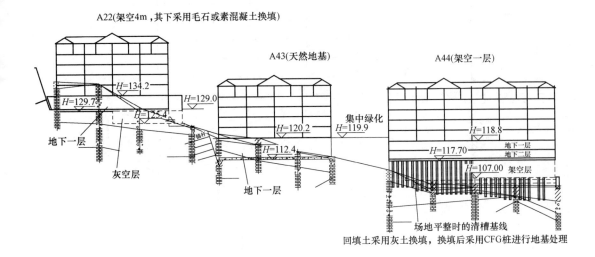

图 4.4.8　地基处理方案

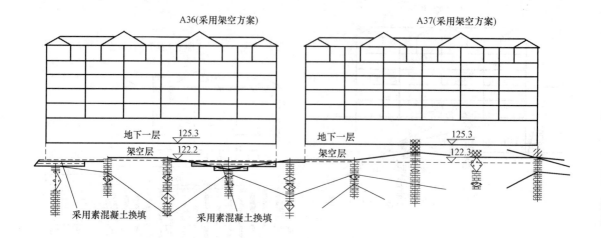

图 4.4.9　地基处理方案

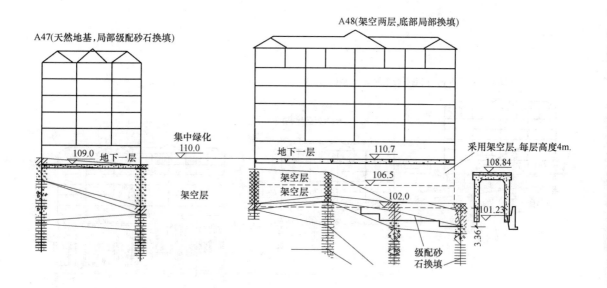

图 4.4.10　地基处理方案

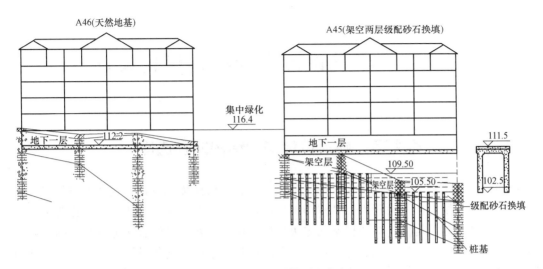

图 4.4.11　地基处理方案

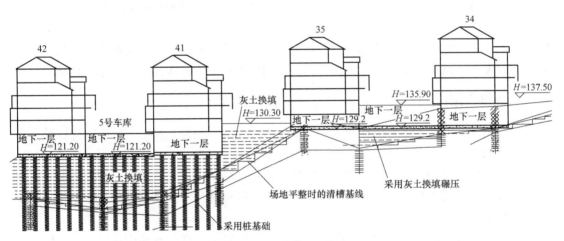

图 4.4.12　地基处理方案

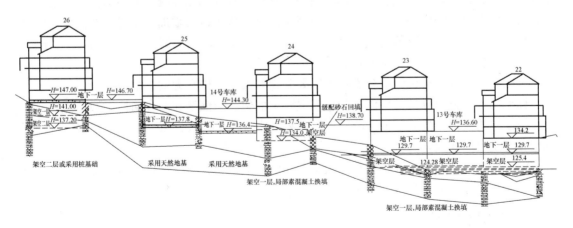

图 4.4.13　地基处理方案

第5章 建筑设计中的结构优化设计

第1节 建筑设计中的结构体系选择

结构设计优化是建筑设计优化中的一个重要内容。结构优化设计，实际上不仅仅是结构一个专业的事情，但是由于人们认识得不全面，往往只针对结构专业提出优化要求。合理的结构体系，是结构优化的最根本的先决条件。建筑方案如果没有落地到合理的结构方案上，那么，结构优化设计就是空中楼阁，无从谈起。结构的优化设计首先应该是合理的建筑方案、合理的结构体系，如果连"合理的"结构体系都谈不上，那么，结构优化设计只能是舍本逐末的局部意义上的小打小闹，掩盖了设计工作的整体性和专业交叉性，不能实现根本意义上的优化设计。

那么，建筑方案需要什么样的结构体系？首先需要了解一下各种结构体系的特点和优缺点，以及主要结构体系的适用范围，建筑方案需有针对性地采用合理的结构体系。

1. 框架结构

框架结构构成：由竖直的柱和水平梁以及楼板组成，梁柱交接处一般为刚性连接。

框架结构受力特点：竖向荷载和水平荷载共同作用。

框架结构主要特点：布局灵活，不依靠墙承重，隔墙可以灵活布置，使用方便，可以获得相对较大的使用空间。同时，框架结构的梁、柱构件易于实现标准化、定型化，便于采用装配整体式结构。

框架结构缺点：框架结构抗侧刚度较小，属柔性结构，在强烈地震作用下，结构所产生的水平位移较大，易造成较严重的非结构性破性。对于钢筋混凝土框架结构，当层高较大、层数较多时，结构底部各层由水平荷载所产生的弯矩显著增加，使得底部框架截面尺寸和配筋均需增大，有可能对建筑平面和空间布置产生影响。同时，框架结构对于支座不均匀沉降比较敏感，协调基础不均匀沉降能力较差。

框架结构按框架构件组成分类：可以划分为梁板式结构和无梁式结构。

框架结构按材料分类：可以分为钢筋混凝土框架、钢框架和混合结构框架。

框架结构按框架的施工方法分类：可以划分为现浇整体式框架、装配式框架、半现浇框架和装配整体式框架。

框架结构适用范围：框架结构适用于办公楼、学校、旅馆、医院、商业建筑等，亦可用于工业车间等工业建筑（图 5.1.1 和图 5.1.2）。

2. 剪力墙结构

剪力墙结构构成：利用建筑物的外墙和永久性内隔墙的位置布置混凝土承重墙的结构。

图 5.1.1　北京顺义　天竺村拆迁安置小区小学

图 5.1.2　北京顺义　天竺村拆迁安置小区公建及大门

　　剪力墙结构受力特点：抗侧刚度较大，侧移较小，抗震性能较好，室内墙面平整。

　　剪力墙结构缺点：结构自重大，剪力墙的间距有一定限制，建筑平面布置不灵活，不容易形成大空间，不适合用在要求有大空间的公共建筑中。

　　剪力墙结构适用范围：剪力墙结构常用于住宅、公寓、旅馆和酒店建筑中，尤其对于上、下层功能一致的有较多标准层的建筑更为适用（图 5.1.3）。

图 5.1.3　北京顺义　天竺村拆迁安置小区高层住宅

3. 框架-剪力墙结构

框架-剪力墙结构构成：框架-剪力墙结构体系是由框架和剪力墙共同作为承重结构的受力体系。

框架-剪力墙结构受力特点：框架-剪力墙结构是框架和剪力墙两种体系的结合，吸取了各自的长处，既具有布置灵活、使用方便的特点，又具有良好的抗侧力性能。

框架-剪力墙结构适用范围：框架-剪力墙结构中的剪力墙可以单独设置，也可以利用电梯井、楼梯间、管道井等墙体布置，平面布置灵活，容易形成大空间。因此，这种结构已被广泛地应用于各类房屋建筑（图 5.1.4 和图 5.1.5）。

图 5.1.4　北京　世界侨商中心

图 5.1.5　北京　阳光上东双子座酒店

4. 筒体结构

筒体结构构成：筒体结构是由框架-剪力墙结构与全剪力墙结构的演变发展而来的，由一个或数个筒体作为主要抗侧力构件的结构体系。

筒体结构受力特点：剪力墙集中布置在房屋的内部形成封闭的筒体，筒体在水平荷载作用下好像一个竖向悬臂封闭箱体起到整体空间作用。

筒体结构分类：筒体结构可分为筒中筒结构、框架-核心筒结构、框筒-框架结构、多重筒结构、成束筒结构及多筒体结构。

筒体结构适用范围：筒体结构一般适用于平面或竖向布置复杂、水平荷载较大的高层和超高层建筑（图 5.1.6～图 5.1.8）。

图 5.1.6　北京招商局中心（航华科贸中心）

图 5.1.7　合肥　安徽广播电视新中心

图 5.1.8　青岛国际金融广场

5. 桁架结构

桁架结构的构成：桁架结构是由直杆在端部相互连接而成的以抗弯为主的格构式结构。

桁架结构受力特点：可利用截面较小的杆件组成截面较大的构件。桁架结构受力合理，计算简单，施工方便，适应性较强。

　　桁架结构缺点：桁架结构结构高度较大，平面桁架的侧向刚度较小，为了保证桁架平面外的稳定性，通常需要设置支撑系统。

　　桁架结构按外形分类：可分为三角形屋架、梯形屋架、抛物线屋架、折线形屋架、平行弦屋架。

　　桁架结构按腹杆布置分类：可分为三角形腹杆系、带竖杆的三角形腹杆系、半斜腹杆系、组合腹杆系。

　　桁架结构按其几何组成方式分类：可分为简单桁架、联合桁架和复杂桁架。

　　桁架结构按是否存在水平推力分类：可分为无推力的梁式桁架和有推力的拱式桁架。

　　桁架结构按材料分类：可分为木屋架、钢-木组合屋架、钢屋架、轻型钢屋架、钢筋混凝土屋架和钢-混凝土组合屋架。

　　桁架结构适用范围：桁架结构在民用建筑、工业建筑、公共建筑、娱乐设施、施工设备、公路桥梁等领域应用广泛（图5.1.9～图5.1.12）。

图5.1.9　合肥　安徽广播电视新中心共享大厅屋盖

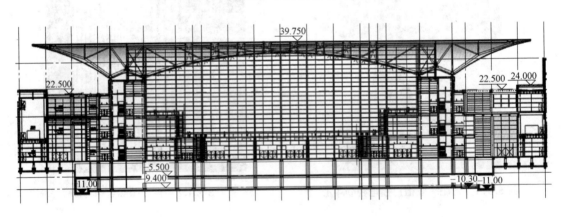

图5.1.10　青岛　中国红岛国际会议展览中心

6. 网架结构

　　网架结构构成：网架结构是由许多杆件按照一定规律组成的网状结构，网架都是双层结构。

126

图 5.1.11　北京李宁营运中心

图 5.1.12　北京大兴　荟聚购物中心

网架结构的受力特点：网架结构为空间受力结构、重量较轻、刚度较大、稳定性较好、抗震性能较好。网架结构平面布置灵活，空间造型美观，便于实现建筑造型和装饰造型。网架结构能适应不同跨度、不同平面形状、不同支撑条件、不同功能需要的建筑物。

网架结构的缺点：网架结构汇交于节点上的杆件数量较多，制作安装较平面结构复杂。

网架结构分类：网架结构可分为交叉桁架体系和角锥体系两类。

网架结构的适用范围：网架结构特别是在大、中跨度的屋盖结构中显示出其优越性，被大量应用于大型体育建筑、公共建筑、工业建筑的屋盖结构中。

第 2 节　建筑设计中的结构概念设计

优化结构设计，至关重要的一环就是要树立"建筑设计的结构概念"这个理念，具有"结构概念"的建筑方案一定会比没有结构概念的建筑方案更加优化，更加合理，会起到事半功倍的效果。可以说，真正的结构优化设计是从建筑方案设计开始的。当建筑师带着正确的结构概念进行建筑方案设计时，这时，结构设计的优化其实就在源头上自然而然地开始了。就像贝聿铭老前辈的许多经典作品，如中国银行总部大厦*等（图 5.2.1），在展现其经典的建筑魅力的同时，无一不将结构概念高明地体现在建筑造型之中。

图 5.2.1　北京　中国银行总部大厦

---

* 此为资料照片，本人未参与设计。

1. 结构选型的原则

建筑结构按照材料划分，可分为：钢筋混凝土结构、钢结构、砌体（其中包括砖砌体、砌块砌体、石块砌体等）结构、混合结构、木结构、薄膜充气结构等。

建筑结构按照组成建筑结构的主体结构形式划分，可分为：砖混结构、框架结构、剪力墙结构、框架-剪力墙结构、框支剪力墙结构、筒体结构、无梁楼盖、拱结构、门式刚架结构、桁架结构、网架结构、空间薄壁结构、钢索结构等。

建筑结构按照组成建筑结构的体型划分，可分为：单层结构、多层结构、高层结构、超高层结构、大跨结构等。

建筑的结构选型应遵循以下原则：

（1）满足建筑功能的原则

建筑结构的基本要求是安全性、适用性、经济性、耐久性。如何使隐含在建筑物外表内的结构既能满足建筑功能的要求，又能满足承载建筑荷载的要求，还能抵抗风和地震作用，同时还具有经济性和满足建筑物耐久性要求，这是选择结构体系需要着重考虑的问题。这就要求将建筑造型以及功能要求和结构体系有机地结合起来，无论多么复杂的建筑造型，都要将所选择的结构体系简化为某一种结构体系。

（2）选择合理结构体系的原则

对于建筑造型复杂、平面和立面特别不规则的建筑，结构选型要按结构体系的需要，通过在适当部位设置抗震缝，将建筑划分为几个或多个相对较规则的结构单体，尽量避免出现不合理的结构体系。

任何建筑物都具有对客观空间环境的要求，根据这些要求可以大体确定建筑物的尺度、规模与相互关系。结构选型时应注意尽可能降低结构构件的高度，选择与建筑物使用空间相适应的结构形式。例如：钢桁架构造高度约为跨度的 $1/15 \sim 1/20$；平面网架结构的构造高度为跨度的 $1/20 \sim 1/25$。选择合适的结构形式，可使室内空间得到较充分的利用。

（3）扬长避短的原则

每种结构形式都有其各自的受力、性能特点和不足，有其各自的适用范围，所以要结合建筑设计的具体要求进行利弊分析，选取相对利多弊少的结构形式。

（4）就地取材和施工便利的原则

由于当地建筑材料和施工技术的不同，其结构形式也不同。要考虑建筑物所在地的建筑材料取用便利性情况、施工技术水平情况，以此确定结构形式。例如：砌体结构所用材料多为就地取材，施工技术简单，普遍用于层数较少的多层建筑中。再有，当所在地钢材运输不便捷或钢材加工以及施工技术不完善时，不建议大量采用钢结构体系。

（5）经济性原则

当几种结构形式都有可能满足建筑设计条件时，经济性就是比较重要的决定因素。必要时应对可行的结构形式进行方案比选，尽量采用较低工程造价的结构形式。

2. 多层建筑的结构选型

多层建筑是指建筑高度小于 24m（住宅为 28m）的建筑。但人们通常将 2 层以上 7 层以下的建筑都笼统地概括称为多层建筑。

多层建筑常用的结构体系主要有：

（1）框架结构体系

由梁和柱为主要构件组成的承受竖向和水平作用的结构。

框架结构的柱子截面在抗震抗震设防结构中有明确规定。在《建筑抗震设计规范》GB 50011 中对钢筋混凝土框架柱的截面尺寸有如下规定："四级或不超过 2 层时不宜小于 300mm，一、二、三级且超过 2 层时不宜小于 400mm。"而建筑墙厚一般为 200mm 左右，这就造成框架结构的柱子会凸出建筑墙厚范围的情况，就会发生在住宅建筑的室内会看见凸出墙面的柱子的情况。对于框架结构用于住宅设计时，凸出墙面的柱子一直是建筑师和结构工程师沟通的焦点，如何在采用框架结构时，既满足结构设计要求，又能使得框架结构的柱子不突兀，需要建筑师和结构工程师协同配合，共同努力。

因此，框架结构在多层建筑中多用于对于柱子截面不敏感的多层公共建筑中，如商场、食堂、学校、办公楼、医院、酒店等，在住宅建筑中由于凸出墙面的柱子会影响建筑布置，使用时会受限制（图 5.2.2）。

（2）剪力墙结构体系

由剪力墙组成的承受竖向和水平作用的结构。

对于多层住宅建筑来说，建筑对外墙、分户墙、电梯间隔墙等墙厚和墙数量的布置，完全可以满足剪力墙结构对墙厚以及剪力墙数量的要求，剪力墙可以很好地"藏"在建筑墙内，结构构件可以不凸出建筑墙而外露。

因此，在多层住宅建筑中，剪力墙结构是对建筑造型和功能影响较小的结构形式。

图 5.2.2　框架结构的住宅室内出现凸出的柱子

（3）框架-剪力墙结构体系

由框架和剪力墙共同承受竖向和水平作用的结构。

具有框架结构和剪力墙结构的优缺点，多用于在层高较高、层数较多的多层框架结构无法满足结构计算要求时，需布置剪力墙，满足结构计算要求。剪力墙布置可利用建筑竖向通高构件，如楼梯间、管道井、隔墙等，使得剪力墙的布置不影响建筑功能要求。

（4）板柱结构

由无梁楼板与柱组成的板柱结构，是由板柱承受竖向和水平作用的结构。通常由于柱子冲切计算要求，柱子根部范围内设有柱帽。板柱结构不设梁，是一种双向受力的结构体系。常用于对于建筑物净高与层高限制较严格的建筑中。由于没有梁，板柱结构建筑楼层的有效空间加大，同时，平整的板底可以改善采光、通风条件，也方便设备管线的布置。

板柱结构常用于多层建筑的商场、书库、冷藏库、仓库、停车楼等（图 5.2.3 和图 5.2.4）。

（5）异形柱结构

异形柱结构中的柱子是一种特殊的柱子，其截面几何形状为 L 形、T 形和十字形，且为截面各肢的肢高肢厚比不大于 4 的柱。异形柱结构可采用框架结构和框架-剪力墙结构体系。在一般框架结构中的柱子是矩形截面，异形柱结构的柱可以做成 T 形、L 形、十

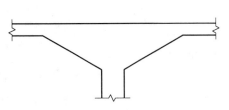

图 5.2.3　带柱帽的板柱结构

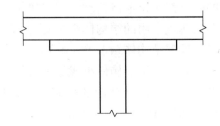

图 5.2.4　带托板的板柱结构

字形截面。这种异形柱结构受力性能没有框架结构的矩形截面柱子好，但由于异形柱结构的柱子宽度和建筑墙宽相同，可以满足住宅内部不希望出现凸出墙厚的明柱子的要求，这种结构形式多用在住宅建筑内（图 5.2.5）。

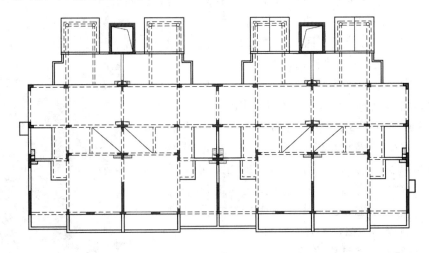

图 5.2.5　异形柱结构平面

从规范异形柱结构适用的房屋最大高度表中可以看出，框架异形柱结构适用于低烈度区，6 度区最大高度可以达到 24m，可以满足多层建筑要求。而对于高烈度区，如 8 度区（0.20g），框架异形柱结构最大高度仅为 12m，需采用框架-剪力墙异形柱结构才能满足最高多层住宅 28m 高度的要求；而 8 度区（0.30g），则不应采用框架异形柱结构体系。

《混凝土异形柱结构技术规程》JGJ 149—2017 中异形柱结构适用的房屋最大高度应符合表 5.2.1 的要求。

混凝土异形柱房屋结构适用的房屋最大高度（m）　　　　　　　　　表 5.2.1

结构体系	非抗震设计	抗震设计				
		6 度	7 度		8 度	
		0.05g	0.10g	0.15g	0.20g	0.30g
框架结构	28	24	21	18	12	不应采用
框架-剪力墙结构	58	55	48	40	28	21

注：房屋高度超过表内规定的数值时，结构设计应有可靠依据，并采取有效的加强措施。

(6) 砌体结构

用砖砌体、石砌体或砌块砌体作为承重结构建造的结构。由于砌体的抗压强度较高而抗拉强度很低，因此，现在大多数的砌体结构是指承重墙、柱和基础为砌体结构，而楼盖和屋盖为预制或现浇混凝土楼盖或屋盖。

砌体结构在多层建筑中常用于建筑平面和立面规整、造型简单、跨度较小、层数较少、层高较低、上下各层承重墙、柱构件对齐的建筑中，如住宅、职工宿舍、小型旅馆等。

在砌体结构中要注意将地基基础和上部结构作为一个有机的整体，不能将两者割裂开来考虑。在砌体结构设计中，需设置圈梁和构造柱将上部结构与基础连接成一个整体，而不能单纯依靠基础自身的刚度来抵御不均匀沉降，所有圈梁和构造柱的设置，都必须围绕这个中心。

多层砌体结构房屋的总层数和总高度，应符合表 5.2.2 的规定。

多层砌体房屋的层数和总高度限值（m）　　　　表 5.2.2

房屋类别		最小墙厚度(mm)	设防烈度和设计基本地震加速度											
			6		7				8				9	
			0.05g		0.10g		0.15g		0.20g		0.30g		0.40g	
			高度	层数	高度	层数	高度	层数	高度	层数	高度	层数	高度	层数
多层砌体房屋	普通砖	240	21	7	21	7	21	7	18	6	15	5	12	4
	多孔砖	240	21	7	21	7	18	6	18	6	15	5	9	3
	多孔砖	190	21	7	18	6	15	5	15	5	12	4	—	—
	混凝土砌块	190	21	7	21	7	18	6	18	6	15	5	9	3

注：1　房屋的总高度指室外地面到主要屋面板板顶或檐口的高度，半地下室从地下室室内地面算起，全地下室和嵌固条件好的半地下室应允许从室外地面算起；对带阁楼的坡屋面应算到山尖墙的 1/2 高度处；
　　2　室内外高差大于 0.6m 时，房屋总高度应允许比表中的数据适当增加，但增加量应少于 1.0m；
　　3　乙类的多层砌体房屋仍按本地区设防烈度查表，其层数应减少一层且总高度应降低 3m；不应采用底部框架-抗震墙砌体房屋。

砌体房屋伸缩缝的最大间距见表 5.2.3。

砌体房屋伸缩缝的最大间距（m）　　　　表 5.2.3

屋盖或楼盖类别		间距
整体式或装配整体式钢筋混凝土结构	有保温层或隔热层的屋盖、楼盖	50
	无保温层或隔热层的屋盖	40
装配式无檩体系钢筋混凝土结构	有保温层或隔热层的屋盖、楼盖	60
	无保温层或隔热层的屋盖	50
装配式有檩体系钢筋混凝土结构	有保温层或隔热层的屋盖	75
	无保温层或隔热层的屋盖	60
瓦材屋盖、木屋盖或楼盖、轻钢屋盖		100

注：1　对烧结普通砖、烧结多孔砖、配筋砌块砌体房屋，取表中数值；对石砌体、蒸压灰砂普通砖、蒸压粉煤灰普通砖、混凝土砌块、混凝土普通砖和混凝土多孔砖房屋，取表中数值乘以 0.8 的系数，当墙体有可靠外保温措施时，其间距可取表中数值；
　　2　在钢筋混凝土屋面上挂瓦的屋盖应按钢筋混凝土屋盖采用；
　　3　层高大于 5m 的烧结普通砖、烧结多孔砖、配筋砌块砌体结构单层房屋、其伸缩缝间距可按表中数值乘以 1.3；
　　4　温差较大且变化频繁地区和严寒地区不采暖的房屋及构筑物墙体的伸缩缝的最大间距，应按表中数值予以适当减小；
　　5　墙体的伸缩缝应与结构的其他变形缝相重合。缝宽度应满足各种变形缝的变形要求；在进行立面处理时，必须保证缝隙的变形作用。

3. 高层建筑的结构选型

根据《高层建筑混凝土结构技术规程》以及《高层民用建筑钢结构技术规程》，高层建筑的结构体系包括以下几种：

（1）框架结构体系（包括钢框架-支撑结构和混凝土框架结构体系）

（2）剪力墙结构体系

（3）框架-墙结构体系（包括钢框架-混凝土剪力墙结构体系）

（4）部分框支剪力墙结构体系

（5）框架核心筒结构体系（包括钢框架-混凝土核心筒结构、钢桁架-核心筒结构、筒中筒钢结构、束筒钢结构体系等）

（6）钢-混凝土混合结构体系（由钢框架、型钢混凝土、钢管混凝土和混凝土筒体结合而成的高层建筑）

（7）筒中筒结构体系

筒中筒结构分实腹筒、框筒及桁架筒。由剪力墙围成的筒体称为实腹筒，在实腹筒墙体上开有规则排列的窗洞形成的开孔筒体称为框筒；筒体四壁由竖杆和斜杆形成的桁架组成则称为桁架筒。筒中筒结构由上述筒体单元组合，一般核心筒在内，框筒或桁架筒在外，由内外筒共同抵抗水平力作用。

（8）多筒体系-成束筒及巨型框架结构

由两个以上框筒或其他筒体排列成束状，称为成束筒。巨形框架是利用筒体作为柱子，在各筒体之间每隔数层用巨型梁相连，这样的筒体和巨型梁即形成巨型框架。这种多筒结构可更充分发挥结构空间作用，其刚度和强度都有很大提高，可建造层数更多、高度更高的高层或超高层建筑。

建筑方案中涉及各种不同结构体系的最大高度，需遵循结构规范的规定，一般来说，不得突破限值，超过限值高度的房屋，应进行专门研究和论证，采取有效的加强措施。

《高层建筑混凝土结构技术规范》JGJ 3—2010 中对现浇钢筋混凝土房屋适用的最大高度做出了规定，见表5.2.4。

A 级高度钢筋混凝土高层建筑的最大适用高度（m）　　　　　　　　　　　表5.2.4

结构体系		非抗震设计	抗震设防烈度				
			6度	7度	8度		9度
					0.20g	0.30g	
框架		70	60	50	40	35	—
框架-剪力墙		150	130	120	100	80	50
剪力墙	全部落地剪力墙	150	140	120	100	80	60
	部分框支剪力墙	130	120	100	80	50	不应采用
筒体	框架-核心筒	160	150	130	100	90	70
	筒中筒	200	180	150	120	100	80
板柱-剪力墙		110	80	70	55	40	不应采用

注：1　表中框架不含异形柱框架；
　　2　部分框支剪力墙结构指地面以上有部分框支剪力墙的剪力墙结构；
　　3　甲类建筑，6、7、8度时宜按本地区抗震设防烈度提高一度后符合本表的要求，9度时应专门研究；
　　4　框架结构、板柱-剪力墙结构以及9度抗震设防的表列其他结构，当房屋高度超过本表数值时，结构设计应有可靠依据，并采取有效的加强措施。

4. 结构设计的内容

建筑结构是由许多结构构件组成的一个结构受力体系。结构体系虽然千变万化，但总是由水平结构体系、竖向结构体系以及基础结构体系三部分组成。

（1）水平结构体系

水平结构体系一般由板、梁、桁（网）架组成，如板-梁结构体系和桁（网）架体系。水平结构体系也称楼（屋）盖结构体系。水平结构体系的作用为：在竖直方向，它通过构件的弯曲变形承受楼面或屋面的竖向荷载，并把它传递给竖向结构体系；在水平方向，水平结构体系起刚性板作用，并保持竖向结构的稳定。

（2）竖向结构体系

一般由柱、墙、筒体组成，如框架体系、剪力墙体系和筒体体系等。

其作用为：在竖直方向，承受水平结构体系传来的全部荷载，并把它们传给基础体系；在水平方向，抵抗水平作用力，如风荷载、地震作用等，也把它们传给基础体系。

（3）基础结构体系

一般由独立基础、条形基础、交叉梁基础、筏板基础、箱形基础以及桩基础、沉井基础等组成。

基础结构的作用为：

1）把水平结构体系和竖向结构体系传来的重力荷载全部传给地基；

2）承受地面以上的上部结构传来的水平作用力，并把它们传给地基；

3）限制整个结构的沉降，避免超过限值的地基基础不均匀沉降，避免地基整体失稳产生的滑移。

结构水平体系和竖向体系之间的基本矛盾是，竖向结构构件之间的距离越大，也就是跨度越大，水平结构构件所需要的材料用量就越多。

建筑师所追求的应该是适用的结构概念设计，在得到灵活和可利用空间的同时，还能满足建筑的使用功能和美观的需求，而为此所付出的材料和施工消耗又应该是较少的。在这同时，还能适合本地区的气候、水文、地质等自然条件。

5. 利用建筑造型和重要性考虑消能减震概念

在地震高烈度设防区域，对于跨度较大、荷载较大、层高较高的建筑，通过结构方案的试算，通常会发现由于结构计算的要求，结构构件截面会较大。较大的柱截面会带来建筑平面面积的浪费和使用效率的降低，较高的梁截面也会带来层高的增加、空间的浪费和建筑成本的增加。那么，有什么方法可以在同样条件下，既不设置过大的结构截面，又能满足结构计算的要求呢？消能减震技术的应用，可以很好地解决这个矛盾。

与传统增大截面抵抗地震作用不同，消能减震技术是通过消能减震构件吸收、消耗地震能量，以此降低主体结构地震响应，是在结构设计中将对地震作用"硬抗"的概念转化为"消耗"的概念，是建筑物抗震设计的另一个有效手段。

消能减震技术对于建筑的影响主要有，在结构的某些部位，如层间空隙、节点连接部分或者连接缝等一些位置安装消能减震装置，或者是将结构的支撑、连接件或非承重剪力墙等一些次要构件设置为能够消能的构件，在地震来临时，这些装置或者构件可以通过摩擦、塑性变形、黏滞液体流动等一些变化，为结构提供较大的阻尼，人为增加结构阻尼，消耗地震输入的能量，消减主体结构的地震动反应，从而起到保护主体结构安全的作用，实现了减小传统设计中柱、梁截面的目的。

结构消能减震的原理实质是在结构中设置消能器，地震时输入结构的能量能率先为消能器吸收，大量消耗输入结构的地震能量，有效衰减结构的地震反应。消能器在地震中起到增加结构附加阻尼的作用。

消能减震的原理可以从能量的角度来描述，如图 5.2.6 所示。

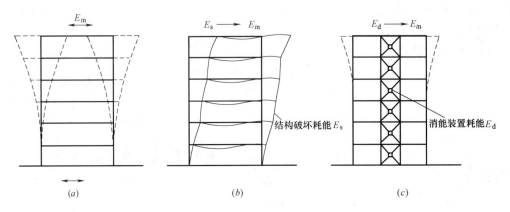

图 5.2.6　消能减震原理示意

（*a*）地震输入；（*b*）传统抗震结构；（*c*）消能减震结构

消能减震技术中，安装消能器增加结构阻尼的被动消能减震方法，由于其传受力明确、安装维护方便、制作成本低、适用范围广等特点，应成为建筑师选择建筑造型时的一个思路。同时，由于消能器安装在外立面角部以及中心区域对结构计算的影响效果显著，要求建筑师需要将消能器的设置和建筑立面有机地结合起来。通过建筑师的结构概念，在建筑方案中就实现结构功能和建筑造型完美的统一（图 5.2.7）。

图 5.2.7　工程中使用消能器示意

适用于消能减震的结构有砌体结构、钢筋混凝土框架结构、钢结构，可用于多层建筑及高层建筑中，也常用于既有建筑的加固改造中。

消能减震结构体系与传统结构体系相比，具有如下优越性。

（1）安全性

传统抗震结构体系实质上是将主体结构（梁、柱、墙）作为消能构件。按照传统抗震设计方法，容许结构构件在地震中出现不同程度的损坏。由于地震的不可预测性，结构在地震中的损坏程度难以控制，特别是出现超过设防烈度的强震时，结构就更难以确保安全。消能结构由于设有非承重消能构件，他们具有较大的耗能能力，在强震中率先耗能，消耗输入结构的地震能量，衰减结构的地震反应，保护主体结构免遭损坏，从而确保结构在强震中的安全性。国内外耗能减震结构的振动台试验表明，消能减震结构与传统抗震结构相比，地震反应减少 40%～60%。

（2）经济性

传统抗震结构体系采用"硬抗"地震的方法，通过加强结构、加大构件断面，加多配筋等途径提高结构的抗震性能，使结构的造价明显提高。消能减震结构体系是通过"柔性耗能"来减少结构的地震反应，可以减小构件截面、减少构件配筋，而其抗震性能反而提高了。已有工程经验表明，消能减震结构体系与传统抗震结构体系相比，可节约造价5%～10%。若用于已有结构的改造加固，可节省造价更加可观。

6. 转换结构选用中的结构概念

转换层的结构概念是这么规定的："在高层建筑的底部，当上部楼层部分竖向构件（剪力墙、框架柱）不能直接连续贯通落地时，应设置结构转换层"。

结构转换层的结构功能主要是改变上下部楼层的柱网和结构类型。

在高层建筑设计中，有时因为建筑功能的要求，上部结构和下部结构需采用不同的柱网，这时，按结构功能转换层可分为三种情况：

1）上层和下层结构类型转换。多用于剪力墙结构和框架-剪力墙结构，它将上部剪力墙结构转换为下部的框架结构，为下部创造一个较大的内部自由空间。

2）上、下层的柱网、轴线改变。转换层上、下的结构形式没有改变，但是通过转换层使下层柱的柱距扩大，形成较大柱网，并常用于外框筒的底层形成较大的入口空间。

3）同时转换结构形式和结构柱网。即上部楼层剪力墙结构通过转换层改变为下部框架的同时，柱网轴线与上部楼层的轴线错开，形成上下结构不对齐的平面布置。

结构转换层在建筑功能上的主要作用有：在高层建筑的底部提供较大的室内空间；为高层建筑的局部入口提供较大空间；在高层建筑的局部中部提供大空间。

高层建筑结构转换层可以分为四种类型：梁式转换层、箱式转换层、厚板式转换层和桁架式转换层。

梁式转换层：分为托柱转换梁和托墙转换梁两种结构形式。由于梁式转换层设计和施工简单、受力明确、技术相对成熟，目前在国内运用得较为广泛。

箱型转换层结构：当转换梁的截面较大时，可以在转换梁的梁顶和梁底同时设置一层楼板，遍布全层，使得整个楼层形构成"箱子"形式，也因此被称为"箱型转换层"。其主要特点有：结构整体性好、层高大、自重大、结构受力性能较复杂、转换层墙柱模板支设较困难、造价较高等。箱型转换层结构对于建筑的主要影响是：由于转换层遍布整个楼层平面，使得这个楼层不能再有其他使用功能，只能作为设备层使用。

厚板式转换层：当上、下柱网轴线错开比较多，很难用梁来转换时，就需要采取这种形式，将转换层设置成厚板。其主要优点是整体性比较好、抗震性能强、框支柱的柱顶部弯矩和剪力会小一些。另外，由于不被上部和下部柱网形式束缚，理论上可以在任意地方转换，所以柱网的灵活性更大，布置也可以更灵活。但是，由于这种厚板式转换层的结构自重较大、地震作用较大、转换层上下穿越设备管线不方便、耗费材料较多、转换层为大体积混凝土施工容易出现裂缝、施工时模板支撑困难、耗费材料较多、造价较高，所以厚板式转换层在实际工程中运用得并不普遍。

桁架式转换层：桁架式转换结构是由梁式结构转换层变化而来的，整个转换层由多榀钢筋混凝土桁架组成承重结构，桁架的上下弦杆分别设在转换层的上下楼面的结构层内，层间设有腹杆。由于桁架高度较高，所以下弦杆的截面尺寸相对较小。桁架分为空腹桁架和实腹桁架两种，它可以是钢桁架，也可以是钢筋混凝土桁架。在钢筋混凝土高层结构中常采用钢筋混凝土桁架。与梁式转换层相比，它的整体性好、受力性能明确、自重较小、抗震性能好，而且便于管道的安装与维护等。其缺点是施工比较复杂，在设计上表现为节点的设计难度较大。

"强斜腹杆，强节点"是桁架转换层的基本设计原则。桁架式转换通常要求高度在 3m 以上，否则斜压杆件易形成超短柱，在地震作用下容易产生脆性破坏。

相对其他结构形式转换层而言，桁架转换层比梁式转换层和厚转换层在受力上更加合理。

由上可见，转换层的布置使得结构上部刚度较大，下部刚度较小，与高层建筑结构设计中合理刚度分布是矛盾的。由于转换层质量及刚度集中，给结构抗震设计带来不利影响，使转换层处地震力集中、上下层内力集中、层位移增大。因此，转换层结构从结构设计的角度来说，属于抗震不利结构体系。

设置结构转换层可能带来的问题：

（1）或许需进行超限审查，设计周期延长

如果由于设置了结构转换层，使结构成为超限结构，则在初步设计阶段结构需进行超限审查。同时，设计难度相应增加，需要提供的审查资料以及计算书比非超限工程内容更多。可能涉及会和超限审查专家的多轮沟通和设计修改，会使设计周期相应延长。

（2）土建造价的增加

结构设置转换层，将会使结构抗震等级提高，转换结构从计算到构造均需作相应的加强，会带来钢筋含量的增加、土建造价的增加。

（3）施工难度的加大以及施工周期的延长

结构设置转换层，转换构件截面通常较大，且配筋较多、节点复杂，对施工水平要求较高。施工难度的增大同时会带来施工周期的延长。

从上面分析可以看到，如果能在建筑方案中取消结构转换，首先可能因此避免了结构设计的超限审查、降低工程的设计难度，从而缩短设计周期。其次，可以降低施工难度、缩短施工周期。取消结构转换不但可以降低工程的直接土建成本、节省工程造价，还能降低工程设计、施工等总体的时间成本。

同时，结构如果不转换而采用全落地剪力墙结构方案，可能会使得建筑方案中商业、建筑空间要求，挑空空间、大空间大堂等建筑设计亮点的实现受到较大影响。较为折中的方法是，可以考虑将结构体系的"全部转换"改变为在一定范围内进行"局部转换"，这样就有可能实现结构不超限，不需要进行结构超限审查。在结构不超限的前提下，使得"局部转换"的结构设计仍能满足建筑对空间设计的要求，这就需要建筑师在充分理解结构概念的前提下，将结构概念带到建筑方案的设计中去，在建筑方案的确定中避免超限结构的产生，在某种意义上来说，这就是在源头上对结构体系的优化。

从建筑方案上优化结构体系，可以起到事半功倍的作用。将一个结构属于抗震不利的体系转化为结构抗震有利的体系，本身就是一个非常大的结构优化，建筑方案能够顺应合理的结构体系，而不是人为地逆势而为，把本可以通过建筑巧妙设计避免的结构转换简单处理为必须结构转换，产生抗震不利体系。而建筑方案一旦形成，结构工程师再努力也无法达到把体系逆转，所以结构工程师在这个层面上再做任何结构优化，作用都是局部的和微观的，而建筑师带着结构概念进行的方案设计则是更大意义上的结构优化。

第 3 节　结构优化设计对建筑设计的影响

1. 对优化结构设计及成本控制的理解

所谓的优化设计方案，一定是相对不合理、不经济的方案而言。在结构意义上，优化的、好的结构设计方案一定是结构受力合理、抗震有利的方案，但这在建筑设计上也许不是优化的方案。同样，优化的建筑方案，未必是合理、经济的结构方案。所以，真正的优化应该是站在整个项目高度的全专业优化设计，需要建筑、结构、机电设备专业的共同介入，尤其是需要建筑专业的全程参与，而不是仅仅结构单专业的优化设计。站在整个项目的高度，具备了全专业的全局观，结构专业的优化设计才能做得更好，否则，结构专业的优化只能在一些具体问题上解决局部问题。而在建筑、机电设备专业的配合下，可以从建筑方案源头上以及结构方案上将结构优化做得更好。

有许多建筑因其新颖独特的建筑创意，堪称经典。但同时，因为结构体系不合理，为实现其造型，使用了更多的建筑材料，土建成本和合理结构体系相比会增加许多。这时，建筑创意的实现是以不合理、不经济的土建造价为前提的，但这也正是结构工程师的才华体现，让建筑师的创意得以实现。所以说，优化设计是个相对的和综合的目标，既要满足建筑师的创意，又要满足结构设计的优化和控制成本，就必须在这之间平衡。同时，这是个需要业主、建筑师、结构工程师共同努力才能实现的目标，任何一方不参与其中、任何一方单方面的努力都是低效和徒劳的。这个妥协和完善设计的过程也是个动态的不断前进的过程，建筑、结构在设计的全过程都需要不断地审视各自专业是否有可以改进的地方，建筑专业多看看是不是有提供结构专业更加合理的可能，权衡一下如果实现结构体系合理的同时，究竟会牺牲多少建筑功能和空间；结构专业也多自审一下在使结构合理的同时，是否可以尽可能不破坏或少破坏建筑造型和空间，或提出多种减小对建筑功能和空间的破坏的结构方案，供建筑师参考和选择。

2. 超限结构的相关规定

建筑师和结构工程师首先需要了解哪些建筑会是"超限"工程，超过这些限值的工程均需在项目的初步设计阶段经超限审查。

一般所称"超限高层建筑工程",是指超出国家现行规范、规程所规定的适用高度和适用结构类型的高层建筑工程,体型特别不规则的高层建筑工程,以及有关规范、规程规定应当进行抗震专项审查的高层建筑工程。

根据《超限高层建筑工程抗震设防专项审查技术要点》,超限高层建筑工程主要范围的参照简表如表5.3.1~表5.3.3。

(1)房屋高度(m)超过表5.3.1规定的高层建筑工程

表 5.3.1

结构类型		6度	7度(含0.15g)	8度(含0.30g)	9度
混凝土结构	框架	60	55	45	25
	框架-抗震墙	130	120	100	50
	抗震墙	140	120	100	60
	部分框支抗震墙	120	100	80	不应采用
	框架-核心筒	150	130	100	70
	筒中筒	180	150	120	80
	板柱-抗震墙	40	35	30	不应采用
	较多短肢墙	100		60	35
	错层的抗震墙和框架-抗震墙		80	60	不应采用
混合结构	钢框架-钢筋混凝土筒	200	160	120	70
	型钢混凝土框架-钢筋混凝土筒	220	190	150	70
钢结构	框架	110	110	90	50
	框架-支撑(抗震墙板)	220	220	200	140
	各类筒体和巨型结构	300	300	260	180

注:平面和竖向均不规则,或Ⅳ类场地,按减少20%控制;6度的短肢墙、错层结构,高度适当降低。

(2)同时具有表5.3.2所列三项及三项以上不规则的高层建筑工程

表 5.3.2

序	不规则类型	涵 义	备 注
1	扭转不规则	考虑偶然偏心的扭转位移比大于1.2	GB 50011-3.4.2条
2	偏心布置	偏心距大于0.15或相邻层质心相差较大	JGJ 99-3.2.2条
3	凹凸不规则	平面凹凸尺寸大于相应边长30%等	GB 50011-3.4.2条
4	组合平面	细腰形或角部重叠形	JGJ 3-4.3.3条
5	楼板不连续	有效宽度小于50%,开洞面积大于30%,错层大于梁高	GB 50011-3.4.2条
6	刚度突变	相邻层刚度变化大于70%或连续三层变化大于80%	GB 50011-3.4.2条
7	尺寸突变	缩进大于25%,外挑大于10%和4m	JGJ 3-4.4.5条
8	构件间断	上下墙、柱、支撑不连续,含加强层	GB 50011-3.4.2条
9	承载力突变	相邻层受剪承载力变化大于80%	GB 50011-3.4.2条

(3) 具有表 5.3.3 所列某一项不规则的高层建筑工程

表 5.3.3

序	简　　称	涵　　义
1	扭转偏大	不含裙房的楼层扭转位移比大于 1.4
2	抗扭刚度弱	扭转周期比大于 0.9，混合结构扭转周期比大于 0.85
3	层刚度偏小	本层侧向刚度小于相邻上层的 50%
4	高位转换	框支转换构件位置：7 度超过 5 层，8 度超过 3 层
5	厚板转换	7～9 度设防的厚板转换结构
6	塔楼偏置	单塔或多塔与大底盘的质心偏心距大于底盘相应边长 20%
7	复杂连接	各部分层数、刚度、布置不同的错层或连体结构
8	多重复杂	结构同时具有转换层、加强层、错层、连体和多塔类型的 2 种以上

3. 建筑方案阶段可开展的结构优化

建筑设计造型的独特性、建筑体形和环境的融入度以及建筑功能的合理流畅，一直是建筑师追求的目标，由于方方面面的综合因素制约，使得建筑需多角度、全方位地考虑其相关条件的合理性和适用性，这时，有可能由于考虑建筑的立面造型和内部空间的原因使得建筑设计中产生一些结构设计的不合理。而这些结构设计的不合理，会带来结构的造价增加，有时会产生不必要的浪费。这时，就需要建筑师在建筑选型时带着"参与结构优化"的观念开展方案设计。同时，结构工程师也应该主动与建筑师沟通、协调，提醒建筑师哪些要点会影响到结构的合理性，以至于影响结构的优化设计。具体应注意控制以下几点。

(1) 建筑平面形状的影响

建筑设计应重视平面、立面的规则性，宜择优选用规则的平面形体，其抗侧力构件的平面布置宜规则对称，侧向刚度沿竖向均匀变化，竖向抗侧力构件的截面尺寸和材料强度宜自下而上逐渐减小，避免侧向刚度和承载力发生突变。

也就是说，建筑平面宜简单、规则、对称，避免过多的外伸、内凹等不规则体形。

建筑结构尽量对称，建筑的平面内刚度不对称，在地震时易产生扭转破坏。

若建筑平面比较规则、凹凸少，则用钢量就可能会少。反之，建筑体形不规则、采用凹凸较多的平面，则用钢量有可能会较多。平面形状是否规则，不仅决定了结构的经济性，而且还决定了结构抗震性能的好坏。

(2) 建筑平面长度及尺寸的影响

体形复杂、平立面不规则的建筑，应根据不规则的程度、地基基础条件和技术经济等因素的比较分析，确定是否设置防震缝。当在适当部位设置防震缝时，宜形成多个较规则的抗侧力结构单元。防震缝应根据抗震设防烈度、结构材料种类、结构类型、结构单元的高度和高差以及可能的地震扭转效应的情况确定，并留有足够的宽度，其两侧的上部结构应完全分开。

当建筑由于功能和立面要求平面长度较长时，应该从建筑方案上分析，判断是否有可能在立面和功能上将其设缝断开，形成几个独立的结构单元。即做出初步的判断，是否有必要要求结构单元按超长结构设计。当建筑物较长，而建筑功能和立面又不允许结构设永久缝、将建筑分为若干个独立的结构单元时，就形成了超长建筑。超长建筑对结构的影响一方面会带来结构体系的不合理，另一方面，对于混凝土结构来说，非超长建筑主要考虑的仅是荷载及风、地震作用等产生的应力，而超长建筑必须考虑混凝土的收缩应力和温度应力，其反应在结构设计上会带来构件截面的增加和总用钢量的增加。

（3）建筑平面中长宽比的影响

建筑平面长宽比较大的建筑物，无论其是否属于超长建筑，由于建筑物在两个方向的整体刚度相差较大，就会在风或地震等水平力作用下，产生两个方向的构件由于扭转作用产生受力不均匀，会造成构件内力的不均匀性。为抵抗这种作用的不利影响，通常需要采取增加结构构件截面的措施，因而会增加造价。

如果在建筑方案设计中考虑了将较长的建筑，结合建筑立面和造型，通过设置结构缝将其分为若干个独立的结构单元，就可以避免建筑平面中较大长宽比带来的影响。

（4）建筑立面形状的影响

建筑立面形状的影响是指建筑的竖向体形是否具有规则性和均匀性。即立面是否有外挑或内收、外挑和内收的尺寸有多大、竖向刚度有否突变等。如侧向刚度从下到上逐渐均匀变化，则该结构较合理，结构设计会较节省。否则，如果结构不合理，为了消除这些不合理就会多设置构件或增加用钢量，带来造价增加较多的结果。比较典型的例子是，高层建筑中如果设置了转换层，由于产生了结构的竖向刚度突变，所以会比没有设置转换层的结构造价增加较多。

（5）建筑高宽比的影响

建筑高宽比是指建筑竖向高度和平面尺寸中较小尺寸之比。建筑高宽比主要针对高层建筑而言，高宽比较大的建筑其结构整体稳定性不如高宽比较小的建筑的结构整体性稳定。对于高宽比较大的建筑，为了保证其结构的整体稳定并控制结构的侧向位移，需要相应设置较多或较刚的抗侧力构件来提高结构的侧向刚度。而抗侧力构件的增多或加强，会带来结构构件或用钢量的增加。

也就是说，高宽比较大的建筑比高宽比较小的建筑，其单位面积结构构件用量和用钢量会增多。钢筋混凝土高层建筑结构适用的最大高宽比见表 5.3.4。

钢筋混凝土高层建筑结构适用的最大高宽比　　　　　　　　　　　表 5.3.4

结构体系	非抗震设计	抗震设防烈度		
		6 度、7 度	8 度	9 度
框架	5	4	3	—
板柱-剪力墙	6	5	4	—
框架-剪力墙、剪力墙	7	6	5	4
框架-核心筒	8	7	6	4
筒中筒	8	8	7	5

（6）建筑抗侧力构件位置的影响

建议建筑方案设计中优先考虑几何图形、楼层刚度变化规则匀称的建筑。应该尽量避免一些相对薄弱层的出现。

尽可能使得建筑的刚度中心与质量中心相重合或靠近，或者抗侧力构件所在位置能产生较大的抗扭刚度，结构的抗扭效应小，结构整体构件和用钢量就会少，反之，若结构刚度中心与质量中心相差较远，则结构体系就会不合理，带来构件用量的增加。

（7）建筑柱网的影响

建筑设计中柱网的确定，对结构的优化设计会带来影响。一般来说，柱网较大的楼盖，楼盖的用钢量会增加较多；柱网较小的楼盖，楼盖的用钢量会较少。但同时，因跨度过小而设置过多柱构件也是不经济的。在抗震设防设计中，柱的上、下端和主梁的端部以及梁柱的节点核心区均要求箍筋加密，其总量在总体结构构件的钢筋用量中占比非常大。因此，使用经济柱网间距，"用足"构造要求，对整体结构设计的造价影响非常可观。

一般来说，住宅建筑的柱网跨度控制在 6～8m，办公、商业等公共建筑的柱网跨度控制在 8～12m 会比较经济合理。同时，建筑柱网尺寸的大、小跨整体较均匀的建筑，比建筑柱网尺寸的大、小跨差别较大的建筑结构要合理和经济。

（8）建筑功能荷载的影响

每一项建筑功能体现在结构设计中就是不同的荷载。有的建筑功能荷载较大，有的建筑功能荷载较小。总体来说采用以下设计理念会帮助结构设计的优化。

1）尽可能选用较轻材料的原则

尤其对于高层建筑来说，选用何种隔墙材料、隔墙材料的重量对结构设计影响很大。如采用轻钢龙骨隔墙，重量仅为 0.5kN/m² （以墙面积计算），而采用砌体隔墙会达到 3.2kN/m² （以墙面积计算），对于高层建筑来说，由于层数多，这个荷载对结构的影响非常大，直接影响结构体系的构件大小、钢筋用量以及地基基础设计。控制隔墙材料的重量不仅可以优化结构体系的设计，还可以带来结构基础设计的优化。

2）尽可能布置成"下重上轻"的原则

在建筑设计中，尽可能将较重的功能布置在建筑物的下部，而将较轻的功能布置在建筑物的上部，而不是反过来，将较轻的功能布置在建筑物的下部，而将较重的功能布置在建筑物的上部，产生"头重脚轻"的情况。如果在策划建筑功能区域时考虑了结构的荷载因素，也能为结构的优化添砖加瓦。

何为"较重的功能"呢？按照结构荷载规范，"较重功能"有：密集柜书库、设备机房、书库、档案库、储藏室、水箱等。而一般功能的住宅、宿舍、旅馆、办公、教室、食堂、餐厅、礼堂、商店、展览厅、健身房、门厅等，均可视为"较轻功能"。

（9）有关错层结构

高层建筑的建筑方案尽量不采用错层结构，相比之下，平层结构的结构体系较为优化。

错层结构是指在建筑中同层楼板不在同一高度，并且高差大于梁高或大于 500mm 的结构类型。错层结构由于楼板不连续，会引起构件内力分配及地震作用沿层高分布的复杂化，错层部位还容易形成抗震不利的短柱和矮墙，属于复杂多高层结构。错层结构比平层结构的设计要复杂许多，由于错层结构属于抗震不利结构，需要采取许多结构加强措施以保证结构的安全，因此会比平层结构造价提高较多，从优化结构体系来说，应该尽量避免使用错层结构。

（10）电梯间的布置

在建筑平面布置中，电梯井筒的布置会在结构楼板上开大洞，使楼板产生较大的削弱。应在建筑方案中避免电梯井筒开洞后将建筑物分成两段的情况。

在框架结构中，电梯井筒一般不宜采用钢筋混凝土的剪力墙井筒。

在框架-剪力墙结构中可将电梯井筒设置成剪力墙，这时的电梯井筒剪力墙应计入框架-剪力墙结构的剪力墙数量。但由于电梯井筒为剪力墙的，因此，电梯井筒的位置或许会对结构整体计算有较大影响，应和结构工程师沟通和确认电梯井筒的位置。

高层建筑的框-筒结构中，电梯间往往是结构的核心筒的位置，建筑师需要和结构工程师共同研究核心筒的位置，既满足建筑功能，又不会因为核心筒的偏置使结构计算产生困难，从而导致为了调整计算偏心而增加结构断面的情况。

有时在建筑方案期间，电梯间的位置从建筑角度并不是很确定，往往是可以在这，也可以在那，稍微调整也都可以满足建筑功能和消防需要。但对于结构设计来说，或许不同位置的剪力墙布置，会带来结构整体计算中的困难，会因为结构布置的不合理而产生结构的浪费，有时甚至无法满足结构计算要求。因此，在建筑方案阶段的建筑和结构的配合尤为重要，可以避免"人为"的结构困难。因此在方案期间，在建筑功能并未完全确定的情况下，结构应充分关注建筑方案，同时给出结构合理的建议，将那些结构不合理的建筑构思"扼杀"在摇篮里。方案阶段的充分配合才能使电梯井筒的位置既满足建筑功能要求，又能优化结构设计。

（11）屋面找坡层

大屋面尽量采用结构找坡，既容易保证防水质量，又能减轻荷载，而相比之下，采用建筑层找坡则会增加额外建筑找坡层的荷载，而且也会增加造价。

（12）对于砌体结构，抗震设防区域的结构应避免的结构不利因素

1）砌体结构不宜在房屋角部设置转角门窗。

当房屋层数不超过三层，且结构设计中采取了构造加强措施，可适当放宽。

2）砌体结构不宜采用错层结构。

3）不应采用砌体墙—钢筋混凝土墙混合结构体系。

4）不应采用内框架结构房屋（内部为钢筋混凝土框架结构，外圈为砌体结构）。

5）底部框架-抗震墙房屋的底部抗震墙不应采用砌体结构。

（13）结构专业介入建筑设计的时机

应该在建筑方案阶段结构专业就参与设计，协助建筑师一起避免不合理结构体系的产生，避免在建筑设计中采用不合理的结构概念。不合理的结构体系是产生结构不优化和造价增加的主要原因，能够在建筑方案的源头加以避免，会使得结构优化从建筑方案就开始，在建筑方案的各个环节避免结构体系不合理情况的产生。

（14）建筑专业应主导全专业设计协调和优化

建筑专业应主导全专业设计协调和优化，做到整个项目整体优化和综合成本控制，而不是仅仅着眼于考虑某一个专业的局部设计。有时候一个专业的所谓"浪费"会带来整个项目的"节省"，从这个意义上说，这样的某个专业的"浪费"对整个项目的优化和节省也是有价值的。比如，为了节约层高，可在综合布线设计后，在结构设计中对于梁-板体系中采用梁中穿管的方式布置一部分水管和电管，这样设计，会带来结构专业设计的复杂以及钢筋和混凝土用量的增加，从单专业来说是造价增加了，但从整个项目角度来说，节约了建筑层高、增加了层数，提高了土地的使用率，节约了土地资源，这已不是一个专业的优化设计了，其实是全专业更高层面的优化设计。

第 4 节　结构优化设计方法

何为结构优化设计？现在人们一提到结构优化设计就是"减钢筋、减混凝土"，落实到具体设计中就是减少了多少钢筋，减少了多少混凝土，往往把这些作为结构优化设计的成果。所以一提到把设计优化一下，隐含的意思一定是怎么做能把现有设计的量减一下，以达到节省费用的目的。是这样的吗？结构优化设计就仅仅是达到减量的效果吗？

结构优化设计应该涵盖以下内容：

结构优化设计首先是合理设计，在满足规范要求的前提下，保证结构安全，任何优化工作都不是以牺牲结构安全为前提的；其次是各构件安全度一致的设计，换句话说，应该是各构件安全储备一致的设计，个别构件局部的多余的安全储备在整个结构中不能发挥作用，属于没必要的安全储备，应该在优化设计中尽量避免，这部分内容应该是优化设计中重点需要做的工作。

结构优化设计是整体结构的优化，不存在局部优化而整体结构不合理的优化设计。

结构优化设计时，首先要具有全面考虑的理念。要对其所涉及的各个方面作全面考虑，包括建筑、结构、机电、材料以及施工便利性等各个方面，对建筑物的安全性、实用性、美观性、技术性和经济性等方面做全方位的综合考虑，而且需要对结构优化设计中整体和局部的关系根据在工程中的重要程度和轻重缓急程度做综合判断。

结构优化设计时，还要具有从实际出发的理念。结构优化设计必须从实际出发处理所遇到的问题。应认真考虑当地现有的自然条件、当地历史形成的人文条件、当地当时的建筑材料等资源条件对工程的限制条件等。

结构优化设计时，需要贯穿整个设计阶段，即：建筑方案阶段、初步设计阶段、施工图阶段。

结构优化设计时，涵盖全部的结构设计内容，即：地基基础的优化设计、地下室的优化设计、上部结构的优化设计。

1. 地基基础设计的优化

基础造价占工程总造价的比例非常大，基础的优化是结构优化中很重要的方面，基础优化将对整个工程造价的降低起决定性的作用。地基基础的优化主要有以下几个方面。

（1）选择对建筑抗震有利的场地

在项目选址和可行性分析阶段，应根据区域的场地安全评估，宜避开对建筑抗震不利的地段，不应在危险地段建造甲、乙、丙类建筑。对于在抗震不利地段建造房屋，结构工程师应在立项和可行性研究阶段提出让建筑物避开的要求。实际工程中，在项目的前期阶段规划师和建筑师的介入会较深入，往往会忽视结构工程师的介入，这就给之后选择不利于结构优化留下了隐患。

当场地由于具体原因确实无法避开不利因素时，需在地基基础及上部结构的设计中采取有效措施，这样就考虑了因场地条件的原因地震时会带来结构加剧破坏的因素。或许会由于软弱地基、湿陷性地基、不均匀地基，在基础设计和上部结构的设计中采用整体结构的加强措施，影响的是地基基础和结构体系整体的方案。在建筑物选址时若能避开建筑抗震不利地段，对建筑物的结构优化起着非常重要和决定性的影响，直接影响地基基础以及整体结构的合理性以及工程造价。

当建筑物处于抗震不利场地时，任何结构优化都是局部的、有时甚至是徒劳的，因为在抗震不利场地上的结构方案改进对整体结构的优化可能很有限，不能从根本上改变局面。这时能够做的最大的优化就是将建筑物移出抗震不利地段。

实际工程经验中就有这样的例子，在项目的选址上由于没有对场地的地质情况做深入的了解，场地虽然不属于抗震不利地段，但由于地质情况非常不好，需要做全面的地基处理，地基处理中需投入的成本竟然大于上部结构的整体造价。这时，主要矛盾就是场地不同地基处理方案之间的差别了，而不是主体结构的优化问题了，而场地需要投入大量的地基处理费用往往是项目初期始料不及的。

对于山地建筑、沿海海岸线建筑地下具有淤泥、淤泥质土、冲填土、杂填土或其他高压缩性土层构成地基的场地，在项目选址以及建筑物确定位置时，尤其应引起重视。这种地基天然含水量过大，承载力低，在荷载作用下易产生滑动或固结沉降。

(2) 选择合适的地基处理方案

对于处于不同地区、不同场地、不同地质情况的地基，选择合适的地基处理方案，并对可能采用的地基处理方案做比较，是地基基础优化过程中很重要的一个环节。地基处理的主要作用是改善土体的剪切特性、土体的压缩特性、土体的透水特性、土体的动力特性、特殊土的不良地基特性等。

地基处理无外乎采用三种思路：一是"密实"，二是"换土"，三是"加固"。各地区应根据当地方便采用的建筑材料、熟悉的施工技术、成熟的施工工艺，因地制宜地采用适用的地基处理方式，各种地基处理方式都是采用了其中一种方式，或综合采用了几种方式。

常用的地基处理方法有：换填垫层法、强夯法、砂石桩法、振冲法、水泥土搅拌法、高压喷射注浆法、预压法、夯实水泥土桩法、水泥粉煤灰碎石桩法、石灰桩法、灰土挤密桩法和土挤密桩法、柱锤冲扩桩法、单液硅化法和碱液法等。

在确定地基处理方案时，应针对设计要求的承载力提高幅度、地基沉降的限制指标，选取适宜的成桩工艺和增强体材料，选取不同的多种地基处理方法进行比选，选择出较优的地基处理方案。

1）换填垫层法

换填垫层法适用于浅层软弱地基及不均匀地基的处理。其主要作用是提高地基承载力，减少地基沉降量，加速地基软弱土层的排水固结，防止冻胀和消除膨胀土的胀缩。常用的处理厚度为小于3m。

2）强夯法

强夯法适用于处理碎石土、砂土、低饱和度的粉土与黏性土、湿陷性黄土、杂填土和素填土等地基。

强夯置换法适用于高饱和度的粉土，软-流塑的黏性土等地基上对变形控制不严的工程，在设计前必须通过现场试验确定其适用性和处理效果。

强夯法和强夯置换法主要用来提高土的强度，减少压缩性，改善土体抵抗振动液化能力和消除土的湿陷性。对饱和黏性土宜结合堆载预压法和垂直排水法使用。

3）砂石桩法

砂石桩法适用于挤密松散砂土、粉土、黏性土、素填土、杂填土等地基，提高地基的承载力和降低压缩性，也可用于处理可液化地基。对饱和黏土地基上变形控制不严的工程也可采用砂石桩置换处理，使砂石桩与软黏土构成复合地基，加速软土的排水固结，提高地基承载力。

4）振冲法

振冲法分为加填料振冲法和不加填料振冲法两种。加填料的振冲法通常称为振冲碎石桩法。振冲法适用于处理砂土、粉土、粉质黏土、素填土和杂填土等地基。对于处理不排水抗剪强度不小于 20kPa 的黏性土和饱和黄土地基，应在施工前通过现场试验确定其适用性。不加填料振冲加密法适用于处理黏粒含量不大于 10% 的中、粗砂地基。振冲碎石桩主要用来提高地基承载力，减少地基沉降量，还可用来提高土坡的抗滑稳定性或提高土体的抗剪强度。

5）水泥土搅拌法

水泥土搅拌法分为浆液深层搅拌法（简称湿法）和粉体喷搅法（简称干法）。水泥土搅拌法适用于处理正常固结的淤泥与淤泥质土、黏性土、粉土、饱和黄土、素填土以及无流动地下水的饱和松散砂土等地基。不宜用于处理泥炭土、塑性指数大于 25 的黏土、地下水具有腐蚀性以及有机质含量较高的地基。若需采用时必须通过试验确定其适用性。当地基的天然含水量小于 30%（黄土含水量小于 25%）、大于 70% 或地下水的 pH 值小于 4 的酸性土层时不宜采用此法，以免影响水泥的水解水化反应。该方法在地基承载力大于 140kPa 的黏性土和粉土地基中的应用有一定难度。

对上部结构荷载较大的框架结构基础慎用此方法，如果必须使用，则基础宜采用整体性较好的条形基础及十字交叉梁基础，且基础梁的宽度会较大，并不一定比桩基方案经济。

6）高压喷射注浆法

高压喷射注浆法适用于处理淤泥、淤泥质土、黏性土、粉土、砂土、人工填土和碎石土地基。当地基中含有较多的大粒径块石、大量植物根茎或较高的有机质时，应根据现场试验结果确定其适用性。对地下水流速度过大、喷射浆液无法在注浆套管周围凝固等情况不宜采用。高压旋喷桩的处理深度较大，除地基加固外，也可作为深基坑或大坝的止水帷幕。

7）预压法

预压法适用于处理淤泥、淤泥质土、冲填土等饱和黏性土地基。

按预压方法分为堆载预压法及真空预压法。堆载预压分塑料排水带或砂井地基堆载预压和天然地基堆载预压。当软土层厚度小于 4m 时，可采用天然地基堆载预压法处理，当软土层厚度超过 4m 时，应采用塑料排水带、砂井等竖向排水预压法处理。对真空预压工程，必须在地基内设置排水竖井。预压法主要用来解决地基的沉降及稳定问题。

8）夯实水泥土桩法

夯实水泥土桩法适用于处理地下水位以上的粉土、素填土、杂填土、黏性土等地基。该法施工周期短、造价低、施工对环境干扰少、造价容易控制。

9）水泥粉煤灰碎石桩（CFG 桩）法

水泥粉煤灰碎石桩（CFG 桩）法适用于处理黏性土、粉土、砂土和已自重固结的素填土等地基。对淤泥质土应根据地区经验或现场试验确定其适用性。基础和桩顶之间需设置厚度为 200～300mm 的褥垫层，保证桩、土共同承担荷载形成复合地基。该法适用于条基、独立基础、箱基、筏基，可用来提高地基承载力和减少变形。对可液化地基，可采用碎石桩和水泥粉煤灰碎石桩多桩型复合地基，达到消除地基土的液化和提高承载力的目的。

10）石灰桩法

石灰桩法适用于处理饱和黏性土、淤泥、淤泥质土、杂填土和素填土等地基。用于地下水位以上的土层时，可采取减少生石灰用量和增加掺合料含水量的办法提高桩身强度。该法不适用于地下水位以下的砂类土。

11）灰土挤密桩法和土挤密桩法

灰土挤密桩法和土挤密桩法适用于处理地下水位以上的湿陷性黄土、素填土和杂填土等地基，可处理的深度为 5～15m。当用来消除地基土的湿陷性时，宜采用土挤密桩法；当用来提高地基土的承载力或增强其水稳定性时，宜采用灰土挤密桩法；当地基土的含水量大于 24%、饱和度大于 65%时，不宜采用这种方法。灰土挤密桩法和土挤密桩法在消除土的湿陷性和减少渗透性方面效果基本相同，土挤密桩法地基的承载力和水稳定性不及灰土挤密桩法。

12）柱锤冲扩桩法

柱锤冲扩桩法适用于处理杂填土、粉土、黏性土、素填土和黄土等地基，对地下水位以下的饱和松软土层，应通过现场试验确定其适用性。地基处理深度不宜超过 6m。

13）单液硅化法和碱液法

单液硅化法和碱液法适用于处理地下水位以上渗透系数为 0.1～2m/d 的湿陷性黄土等地基。在自重湿陷性黄土场地，对Ⅱ级湿陷性地基，应通过试验确定碱液法的适用性。

（3）选择合理的基础形式

基础选型的总体原则首先应该是安全，在保证基础方案安全的前提下，考虑经济性、当地施工材料获取的便利性以及当地施工技术的可靠性。

基础方案选择顺序的原则是首先考虑天然地基浅基础，如浅基础不能满足设计要求再考虑地基处理及桩基础。

天然地基类型从简单到复杂可分为：独立基础、条形基础、十字交叉梁基础、筏板基础、箱形基础等。

天然地基的特点：埋深较浅，一般在 3m 以内。多层建筑，根据地层情况，通常埋深 1.5m 左右即可满足要求。

对于多层建筑，当地基均匀，且下卧层满足设计要求时，尽量选取较浅土层作为持力层。一般 2～3 层建筑，f_{ak}>70～80kPa 即可满足承载力要求；4～5 层建筑，f_{ak}>90～100kPa 即可满足承载力要求；5～6 层建筑，f_{ak}>100～110kPa 即可满足承载力要求。

对于高层建筑，可按每层每平方米 15kN 估算基底压力，再与地基土承载力设计值比较，满足要求时则可进一步论证是否可以采用天然地基。

由于高层建筑上部结构荷载较大，基础底面压力也较大，一般用于多层建筑的独立基础已不能满足承载力要求，因此，需采用其他形式的基础。高层建筑的基础选择应考虑以下条件综合各方面因素确定：上部结构的类型、整体性和结构刚度；地下结构使用功能要求；地基的工程地质条件；抗震设防要求；当地施工技术及施工水平；基础造价以及工期要求；周围建筑物和环境条件。在进行高层建筑基础方案选择时，应进行多种基础方案的分析比较，选择既安全可靠又经济合理的基础形式。

常用于高层建筑的基础形式有梁式基础、筏形基础、箱形基础、桩基础、地下连续墙基础等，以及这些基础的联合使用。

钢筋混凝土条形基础：这种基础一般设置在柱列下或剪力墙下，多用于地基承载力较高而上部结构不是很高、荷载不是很大、没有地下室的情况。

钢筋混凝土交叉梁式基础：是柱网两个方向的梁式基础。当地基承载力较高、上部的柱子传来的荷载较大、没有地下室、而独立基础或柱下条形基础均不能满足地基承载力要求时，可在柱网下纵横两个方向设置交叉梁式基础。这种结构的形式比柱下独立基础的整体刚度好，有利于平衡柱间内力，多用于没有地下室的高层建筑中。

钢筋混凝土筏板基础：由覆盖建筑物全部底面积的连续底板构成。筏板基础的平面尺寸应根据地基土的承载力、上部结构的布置以及荷载分布等因素确定。筏板基础又分为平板式筏板基础和梁板式筏板基础两种类型。这种基础形式整体刚度好，有利于平衡柱间内力及不均匀沉降，是高层建筑中较为常用的基础形式，多用于有地下室的高层建筑中。

箱形基础：基础的整体外形如箱子，由钢筋混凝土底板、顶板和纵横墙体构成一个整体结构。这种基础刚度很大，可减少建筑物的不均匀沉降。可结合地下室的使用要求设计成箱形基础。由于箱形基础对纵横墙的数量及设置有要求，会在一定程度上限制地下室的设计，造成地下室设计功能的不便，现在在高层建筑的设计中已较少使用箱形基础这种基础形式。

桩基础：由设置于土中的桩和承接基础结构和上部结构的承台组成。按成桩类别分为预制桩、灌注桩、人工挖孔桩等。具有承载能力大，能承担复杂荷载以及可以很好地适应各种地质条件的优点，尤其是对于软弱地基土上的高层建筑，桩基础是较为理想的基础形式。

地下连续墙：在土中钻、挖、冲孔成槽，在槽内安放钢筋网（笼）、浇注混凝土而形成的一种地下钢筋混凝土墙体。其适用范围很广，如建筑物地下室、水池、设备基础、地下铁道、船闸、护岸、防渗墙等。地下连续墙既可当作基础又可当作支护结构。地下连续墙只有在一定深度的基坑工程或其他特殊条件下才能显示出经济性和特有优势。一般适用于开挖深度超过10m的深基坑工程。

联合基础：有时为了加强基础结构的整体性和稳定性，如提高其抗水平荷载的能力、提高抗不均匀沉降的能力、提高防水能力等，需将以上两种或两种以上的基础形式联合使用。

基础方案的选型有很强的地区经验性，没有完全一样的工程，具体问题还需要具体分析。

(4) 应考虑地基基础与上部结构的共同作用

结构设计中的一般方法是将上部结构、基础与地基分割成三个部分各自作为独立的结构单元进行受力分析。大量的实践表明，高层建筑的上部结构具有较大的刚度，且和基础与地基同处于一个完整的共同作用体系。目前的设计方法在分析高层建筑的基础结构时，不考虑结构的共同作用，用常规的忽略上部结构作用的基础设计方法来设计基础结构。

显然，把上部结构、基础与地基分割成三个部分各自独立计算是不符合实际情况的。其结果往往造成设计不是偏于不安全就是偏于浪费。

按照弹性地基上的梁、板、箱的理论来设计，完全忽略上部结构的刚度贡献，对具有很大刚度的高层建筑来说，尤其不合理。其结果会导致夸大了基础的变形与内力，或者为减少基础的变形与内力完全不必要地增加底板厚度与配筋，造成浪费。与实际受荷情况相比，通常造成上部结构受力相对偏小，而基础部分受力又相对偏大。

理论研究表明，共同作用分析将使上部结构、基础与地基在内力和位移等方面与常规设计方法相比均有显著的变化。例如，由于上部结构刚度对基础变形有约束作用，基础差异沉降将减小，而基础的差异沉降又将引起上部结构产生次应力。因此，合理可行的结构和基础设计方法应该对上部结构、地基、基础共同作用问题进行全面了解和正确分析，对工程设计做出判断。

对于采用整体式基础的带裙房高层建筑的上部结构、地基、基础共同作用问题尤其突出，由于这类建筑物的结构形式较复杂，上部结构、基础和地基间的相互作用对结构内力和位移的影响更大，而正确预估建筑物各部分之间的差异沉降，又是该类建筑设计中的一个首要难题。尽管许多设计人员意识到上部结构、地基、基础共同作用问题的重要性，但由于缺乏成熟的计算理论和方法，在常规基础设计中往往采取偏于安全的方法，其中一个突出的问题就是将基础底板取得过厚，造成不必要的浪费。在带裙房的高层建筑设计中，这种现象尤为突出。

在基础设计中考虑地基基础与上部结构的共同作用具体可从下面几方面入手：

1）有效地利用上部结构的刚度，使基础的结构尺寸减小到最小程度。例如，把上部结构与基础作为一个整体来考虑，箱形基础高度可大为减小；当上部结构为剪力墙体系时，有可能将箱基改为筏基。应注意的是，上部结构的刚度是随着施工的进程逐步形成的，因此在利用上部结构刚度改善基础工作条件时，应模拟施工过程进行共同作用分析，以免造成基础结构的损坏。

2）对建筑层数悬殊、结构形式各异的主楼与裙房，可分别采用不同形式的基础，经共同作用分析比较，可使主、裙房的基础与上部结构全都连接成整体，实现建筑功能上的要求。

3）运用共同作用的理论合理地设计地基与基础，达到减少基础内力与沉降、降低基础造价的目的。例如在一定的地质条件下，考虑桩间土的承载作用，可适当加大桩距、减小桩数，合理布桩、减少基础内力，从而在整体上降低基础工程的造价。

(5) 基础设计的构造优化

1）设置地下室时，对地下室的埋深、抗浮水位、底板顶板结构形式、侧墙设计、基坑围护等内容应进行充分比较，尽可能采用合理的设计方法。

2）底板常用结构形式有"承台＋底板"、"承台＋地梁＋底板"等几种。应根据建筑、荷载和场地条件进行多方案技术经济性比较后再选择最合理的方案。

3）对于同一结构单元不宜采用两种或两种以上地基基础形式。

4）上部结构应尽量避免偏心，并应加强基础的整体刚度。

5）采用桩基时，需进行桩型、桩径、桩长等多方案技术经济性比较。桩基比选时需考虑承台造价。不同单体、不同地质情况可选用不同桩型，地基土对桩的支承能力尽量接近桩身结构强度。方桩宜优先考虑空心方桩，抗拔桩优先考虑 PHC 管桩。

6）桩基布桩时优先考虑轴线布桩并按群桩形心、荷载中心、基础形心"三心"尽量靠近的原则作优化调整。

7）桩基单个承台及整个单体的布桩系数（上部总荷载与单桩承载力总和的比值）宜控制在 0.75～0.90 之间，试桩结果较好时可取高值。

8）桩基中尽可能少采用联合承台，基础厚度在满足抗冲切、抗剪切的要求下尽可能降低厚度。墙/柱下直接布桩时，如荷载能直接传递，承台厚度可适当减小。避免或减少一柱一桩。

9）桩基中与承台相连的基础梁计算长度不必取轴线间距离，否则配筋会增大，建议取 1.05 倍净跨度。

10）合理选择地梁的截面并控制梁的截面尺寸和配筋。宜采用倒 T 型截面，不宜采用矩形截面。增加基础高度可以减少底板配筋。独立基础优先采用锥形基础。

11）筏基底板宜适当出挑，一般出挑 0.5～2.0m 左右，有梁时宜将梁一起出挑，当有柔性防水层时不宜出挑。地梁宜适当出挑，一般出挑边跨跨长的 1/4。

12）地下室超长时应设后浇带或膨胀加强带，刚度较大时后浇带或加强带距离应适当减小。

13）在场地高差处理的设计中，尽可能降低挡土墙高度，可协调建筑景观专业研究是否可采用多次放坡、分级挡土墙等方法代替高挡土墙的方案。

14）控制基础底板混凝土强度等级，基础底板中避免采用过高混凝土强度等级，按照"够用即可"的原则确定基础底板的混凝土强度等级，不做人为的放大。底板混凝土强度过高时，底板混凝土不能发挥全部作用，但高强度混凝土会提高底板的最小配筋率，导致配筋量增加。同时，由于高层建筑的基础底板一般截面较大，较高强度的大体积混凝土的养护如果不到位，容易出现混凝土的收缩裂缝，破坏结构的自防水，造成漏水隐患。

15）承台、基础梁、筏板无需按延性要求进行构造配筋，即构造均可按非抗震设计要求设置。基础梁端部箍筋无须加密，满足强度即可。承台、基础梁、筏板的纵筋的锚固和搭接都可按非抗震设计要求设置。

16）当独立基础边长或条形基础的宽度≥2.5m 时，底板受力钢筋长度可取 0.9 倍边长或宽度，并交错布置。

2. 地下室设计的优化

地下室结构在结构成本中占的比重很大，做好地下室结构的优化设计对整个结构成本控制影响很大。

1）±0.000 标高的研究

尽量抬高整个±0.000 的标高。这样，不仅可以降低支护的成本，还节约了土方的开挖和土方运输，减少了地下水位较高时的水压力，对地下室外墙、地下室底板以及抗拔桩的设计都会起到有利的作用。

2）层高研究

对于大型公共地下室，应做好平面布置的优化以及面积的合理和充分利用，优化梁高、优化管线的综合布置高度，尽量减少地下室的层高。

3）地下室顶板覆土厚度的控制

地下室顶板覆土厚度的控制对地下室顶板的优化设计至关重要。将景观设计和管线综合设计提前介入，做到精细化设计和专业协调，控制地下室顶板的覆土厚度，必要时对地下室顶板的结构方案做多方案比较，如采用主次梁的梁板体系、主梁大板体系、无梁楼盖体系，结合建筑净高、设备管线排布，选用各专业综合造价较低的方案。

4）板柱结构

板柱结构在地下室结构中较为常用，尤其较多地应用于地下车库设计中，由于板柱结构可以控制层高，对于地下室减少土方开挖量，减少降水，减少抗浮措施、减少地下室外墙配筋等都有很大帮助，会对项目的综合造价有较大的降低。因此，通常会在项目的前期对地下室结构体系进行比选，确定是否可以采用板柱结构的无梁楼盖结构体系。

5）裂缝宽度限值

当基础底板板底、地下室外墙外侧均设有建筑防水时，在地下水不丰富的地区可考虑放松筏板、基础、地下室外墙等基础构件裂缝宽度限值，控制在 0.4mm 即可。

6）超长地下室

地下室可通过施工期间设置混凝土收缩后浇带解决由于超长带来的混凝土收缩问题，不用设永久缝。研究施工工艺的改进，如采用跳仓法减少或取消收缩后浇带。

3. 人防设计的优化

防空地下室设计遵循"长期准备、重点建设、平战结合"的方针，并坚持人防建设与经济建设协调发展、与城市建设相结合的原则。因此，目前在城市中的人防设计大多采用"平战结合"的方式，在地下室的底部一层或几层设计成"平战结合"的地下室，所以，人防设计是地下室设计的一部分，因此，对结构设计的优化也应包含对人防设计的优化。

防空地下室人防设计平战转换设计的基本原则是：

工程平战用途相近；平战转换工作量要小；一次设计，分两步施工；考虑兼容性和通用性；平战转换措施要求快速、经济、简便、可靠；各部位战时临时封堵构件上的荷载种类较多，设计中一般直接选用通用的封堵构件，不再单独设计。

(1) 人防结构设计的原则

1）防空地下室结构的选型，应根据防护要求、平时和战时使用要求、上部建筑结构类型、工程地质和水文地质条件以及材料供应和施工条件等因素综合分析确定。

2）甲类防空地下室结构应能承受常规武器爆炸动荷载和核武器爆炸动荷载的分别作用，乙类防空地下室结构应能承受常规武器爆炸动荷载的作用。对常规武器爆炸动荷载和核武器爆炸动荷载，设计时均按一次作用考虑。

3）人防平战结合时的设计控制值，在 5 级或 6 级设防的人防设计中，人防结构的顶板基本上都由战时控制（不包含有覆土的地下室顶板），而地下室外墙和基础底板则因地下室结构形式的不同，平时或战时控制都有可能，需由实际情况确定。

4）人防设计只进行承载力的验算。由于在核爆炸动荷载作用下，结构构件变形极限已用允许延性比来控制，因而在防空地下室结构设计中，不必再单独对结构构件的变形与裂缝进行验算。

5）人防设计中应使各部位构件的强度水平一致，避免因设计控制标准不一致而导致结构的局部先行破坏，使得建筑的整体防护失效。

6）人防设计中人防结构和其上的非人防结构体系应协调，两者刚度相差不宜过大。

7）人防地下室墙、柱等承重结构，应尽量与其上非人防结构的承重结构相互对应，以使非人防结构的荷载通过防空地下室的承重结构直接传递到地基上。

8）人防设计中需重视构造要求，人防设计的许多构造要求与非人防设计不同，要求更为严格，应充分保证结构的延性，仍然需实现"强柱弱梁"、"强剪弱弯"的原则。

（2）人防结构设计的优化

1）人防荷载取值应严格根据人防地下室抗力级别取用，不得擅自提高或降低。确定所有构件的等效静荷载值，计算顶板、侧墙及无桩基底板人防荷载，确定各构件人防荷载时要注意比较核武器和常规武器爆炸动荷载作用，取较大值控制。

2）核武器、常规武器爆炸动荷载作用属于偶然性荷载，具有量值大、作用时间短（1s 左右）且具有不断衰减等特点，整个结构寿命期内只考虑一次作用，人防设计中钢筋混凝土构件允许开裂。因此，构件安全度可降低，人防荷载的分项系数取 1.0。

3）防空地下室上方的地面多层或高层建筑物，对于常规武器爆炸、核爆炸冲击波早期核辐射等破坏因素都有一定的削弱作用，防空地下室设计时可考虑这一因素。

4）荷载组合和内力分析

① 顶板参与组合的荷载有人防等效静荷载、自重、覆土重等，平时使用的活荷载战时不需要叠加，顶板战时工况可采用塑性算法，平时工况可采用弹性算法，板配筋取两种工况计算结果较大值，板面筋除按 0.25% 配筋率贯通外，支座筋不足者可另加非贯通筋，这样较经济，但要注意板底筋、板面贯通筋及非贯通筋间距应协调，以便拉筋布置；另外注意坡道作为战时主入口时，口部以外的顶盖板也应考虑人防荷载作用。

② 外墙参与组合的荷载有人防等效静荷载（包括水平荷载及顶板传来的荷载）、外墙自重、上部建筑自重、地面活荷载、土压力、水压力等，外墙配筋主要由垂直于墙面的水平荷载产生的弯矩确定，设计时为简化计算通常不考虑与竖向荷载组合的压弯作用，仅按墙板弯曲计算墙的配筋。地下室外墙可根据支承情况按双向板或单向板计算水平荷载作用下的弯矩。当垂直支撑地下室外墙的地下室内墙间距相距较远时，在工程设计中一般把楼板和基础底板作为外墙板的支点（单跨或多跨）计算，在基础底板处按固端，顶板处按铰支座。外墙外侧竖向筋可采用贯通筋与非贯通筋交错布置方式，外墙选筋时宜按"直径细且间距密"的原则，最大间距不宜大于 200mm，有利于控制裂缝。

③ 基础底板对于带桩基的底板：人防荷载与水压力及板自重组合；

基础底板对于无桩基的底板：

a. 地基反力中没有计入水浮力时，人防荷载不与水压力组合；

b. 地基反力中计入水浮力时，人防荷载应与水压力组合。

④ 内承重墙、柱荷载组合相对简单，要注意的是在进行荷载组合时，常规武器爆炸动荷载作用时上部建筑物自重应全部考虑，核爆炸动荷载作用应根据抗力等级、上部结构形式，在进行荷载组合时上部建筑物自重可区分为全部考虑、考虑一半和不考虑三种情况，设计时应认真分析确定。具体设计时，对主楼塔数较多、地下室作为上部结构的嵌固端且大底

盘地下室通常又不设缝时，为提高计算效率，各塔可独自带地下室分析计算，各塔的地下室结构层宜比主楼多出 1~2 跨参与内力分析计算，主楼的承重墙、柱计算结果即可采用。

⑤ 出入口通道内临空墙、相邻单元之间的隔墙、门框墙等的设计，其中临空墙、相邻单元之间的隔墙，可参照外墙的计算模式设计，而门框墙的设计一般是按悬臂梁计算，有时门框墙的悬臂长度过长，而使水平筋过大，这种情况下，增加壁柱、暗柱或梁、暗梁，可得到较为经济的设计效果。

⑥ 构造要求遵循《人民防空地下室设计规范》GB 50038—2005 的要求。人防构件结构厚度应首先满足防早期核辐射要求，然后需满足人防设计等效静荷载的受力要求。

5）人防设计应同时满足平时和战时两种不同荷载效应组合的构造要求。

例如：地库人防区域，工况选择参考如下：

基础类型	控制工况	最小配筋率	拉接钢筋
筏板	平时	0.15％	无
	人防	0.25％	有

6）人防设计中钢筋混凝土结构构件可按弹塑性设计，对超静定的钢筋混凝土结构，可按由非弹性变形产生的塑性内力重分布计算内力。

7）在人防荷载作用下，考虑材料强度提高，但变形性能包括塑性性能等基本不变，这对结构有利，在设计中通过材料强度综合调整系数体现。

8）在核爆炸动荷载这种瞬间荷载作用下，一般不会产生因地基失效引起结构破坏，因此人防结构设计可不验算地基的承载力及变形，但对甲类防空地下室的桩基设计中应按计入上部墙、柱传来的核武器爆炸动荷载的荷载组合来验算承载力。

9）地下室作为上部结构的嵌固部位，应保证其具有足够的刚度，规范要求其抗侧刚度不小于相邻楼层的 2 倍。当地下室剪力墙数量不多时，特别是非人防区域，可以在适当部位加设剪力墙以增加整体刚度。

10）在地下室顶板梁整体计算时，有地上结构的主楼范围内梁端负弯矩不宜调幅；当上部结构高宽比较大时，其柱底弯矩很大，所以当有地上结构的主楼范围外的地下室顶板梁与有地上结构的主楼落地墙柱相连时，应加大连接端梁负筋及梁腰筋，用于平衡上部结构柱底弯矩。

11）两层及两层以上的地下室，当人防地下室设在底层时，人防顶板板厚可适当减小。为了防早期核辐射，板厚需满足规范数值，但当人防地下室设于多层地下室的底层时，其早期核辐射已经被上部楼层有效削弱，故板厚可适当减小。

12）通道顶板抗力按人防设计，通道顶板抗力等级按共用同一通道的防空地下室较高级别者设计。

13）当人防顶板高低相差较大时，变标高处梁截面及配筋应满足人防墙设计构造要求。一般梁宽≥300mm，相应的梁腰筋及箍筋≥ϕ12@150（即满足墙单侧配筋率 0.25％的要求），此受力情况类似于埋置于土中的人防外墙。

4. 上部结构设计的优化

（1）建筑方案的结构优化

在建筑方案设计阶段，结构工程师积极参与设计，建议选择比较规则的平面方案和立面方案。在建筑方案阶段结构工程师应对以下方面重点关注，并给建筑师提出结构专业的建议：

1）尽量避免平面凸凹不规则；

2）尽量避免竖向有过大的外挑或内收；

3）尽量避免楼板连续开大洞；

4）控制平面长宽比；

5）合理设缝；

6）使结构刚度中心与质量中心尽量接近；

7）注意限制薄弱层、错层、转换层等不利因素，尽量使建筑侧向刚度和水平承载力沿高度均匀平缓变化。

（2）结构体系的优化

应根据建筑高度、平面布置以及使用功能要求选择经济合理的结构体系。

比如，异形柱框架结构就会比普通框架结构用钢量大。在可能的情况下，尽量采用普通框架结构。短肢剪力墙结构比普通剪力墙结构用钢量大，在可能的情况下应尽量采用普通剪力墙结构。

结构材料选择与结构体系的确定应符合抗震结构的要求。采用哪一种结构材料，什么样的结构体系，需经技术经济条件比较综合确定。同时，力求结构的延性好、强度与重力比值大、匀质性好、正交各向同性，尽量降低房屋重心，充分发挥材料的强度，并应使结构两个主轴方向的动力特性周期和振型相近。

在结构设计中应尽可能设置多道抗震防线。地震有一定的持续时间，而且可能多次往复作用，根据地震后倒塌的建筑物的分析，我们知道地震的往复作用会使结构遭到严重破坏，而最后倒塌则是结构因破坏而丧失了承受重力荷载的能力。适当处理构件的强弱关系，使其形成多道防线，是增加结构抗震能力的重要措施。例如单一的框架结构，框架就成为唯一的抗侧力构件，那么采用"强柱弱梁"型延性框架，在水平地震作用下，梁的屈服先于柱的屈服，就可以做到利用梁的变形消耗地震能量，使框架柱退居到第二道防线的位置。

在结构的优化设计中应确保结构的整体性，各构件之间的连接必须可靠，需符合以下要求：

1）构件节点的承载力不应低于其连接构件的承载力。当构件屈服、刚度退化时，节点应保持承载力和刚度不变；

2）预埋件的锚固承载力不应低于连接件的承载力；

3）装配式的连接应保证结构的整体性，各抗侧力构件必须有可靠的措施以确保空间协同工作；

4）结构应具有连续性，应重视施工质量，避免施工不当使结构的连续性遭到削弱甚至破坏。

（3）结构布置优化

结构承载力和刚度在平面内及高度范围内应尽量均匀分布，应尽量避免刚度突变和应力集中，这样有利于防止薄弱层结构过早发生破坏，使结构设计中的地震作用能在各层之间重新分布，充分发挥整个结构耗散地震能量的作用。在实际工程中，建筑物的平面布置中质量分布不可能做到绝对均匀，因此不可避免地会产生扭转效应，这时，除了可以考虑结构的平面对称布置以外，还需要通过结构抗力构件的布置来提高结构的抗扭能力。

大量研究表明，结构把抗侧力构件布置在建筑平面的四周，比抗侧力构件均匀分布在平面中心或集中布置在平面内部更能提高结构的抗扭能力。因此，结构在布置抗侧力构件时，如布置柱、剪力墙时，应尽量把柱、剪力墙布置在建筑平面的四周，最大限度地加大结构抵抗扭转性能，因而提高整个结构的抗扭能力。

（4）柱网优化

应选择合理、均匀的柱网尺寸，使板、梁、柱、剪力墙的受力合理、均匀。

当结构柱网较大时，则楼盖跨度大，因而楼盖的用钢量会较大。当结构柱网较小时，则因柱子数量较多，因而造成整体空间较小，楼盖结构的承载力水平不能充分发挥作用。应根据建筑实际情况和经验采用合理柱网，在考虑使用功能和优化柱网间达到平衡，同时实现结构设计的优化。例如，在住宅建筑中，如果采用小开间结构，则其中的剪力墙、柱的作用不能得到充分发挥，而且过多的剪力墙、柱还会产生较大的地震作用，这时，若考虑采用较大开间结构体系，则既可以通过减少剪力墙、柱节约造价，又便于建筑功能灵活布置，是优化结构柱网的好范例。

（5）尽量避免结构转换体系的采用

在高层建筑的体系选择中，尽量避免转换体系的采用，尤其是"高位转换"的采用。在无法避免必须采用转换结构时，应在设计中注意以下主要原则：

1）对称布置剪力墙和转换柱

在剪力墙和转换柱的布置中，应注意转换柱和剪力墙的对称布置，最好将转换柱布置在转换梁上方的正中位置，这样可以避免当转换梁变形时，对转换柱柱脚造成过大的影响，同时，减小转换柱由于发生变形而影响转换层结构的安全和稳定性。

2）控制竖向构件数量

在高层建筑转换层结构设计中，应最大限度地减少转换结构之上的竖向构件。因为在转换结构之上采用越多的竖向构件，所能转换出的建筑功能也会越受限制，同时，转换层之上采用过多的竖向构件会给整个建筑的抗地震设计带来不利影响。

3）保障转换层的结构刚度

转换层的刚度不足会直接影响建筑物的抗地震性能，因此，要注意保障转换层的结构刚度。应使转换层上部结构抗侧刚度接近下部结构抗侧刚度，尽量避免发生转换层上、下刚度突变。同时，转换层下部结构不应成为薄弱层，应避免楼层承载力发生突变。

4）转换层位置不能设置太高

要控制好转换层位置处于合理的高度，否则，转换层高度一旦超过要求，就会造成转换层的刚度低，转换梁、转换柱的受力性能无法满足要求，进而影响到建筑物转换结构方案的可行性。

对于大底盘多塔楼的商住建筑，塔楼的转换层宜设置在裙房的屋面层，并加大屋面梁、屋面板尺寸和厚度，以避免中间出现刚度特别小的楼层，从而减小地震不利影响。

若底部转换层位置越高，则转换层上、下刚度突变就越大，转换层上、下内力传递途径的突变就越加剧，落地剪力墙或墙体就容易出现受弯裂缝，从而使框支柱的内力增大，转换层上部附近的墙体容易发生破坏。因此，转换层位置越高，对结构抗震越不利。

5）对转换结构的严格计算

建筑结构设计中较为重要的一部分就是转换层结构设计，转换层结构设计对于建筑结构的实用性和结构抗震性能都会带来重要的影响。因此，为保障转换层结构设计的准确性和科学合理性，对于相关设计数据应进行严格的核算。特别是在建筑物的实际受力状态下的计算模型，应采用三维空间整体结构模型，且需确保设计计算的真实性和准确性。

6）托柱形式转换梁设计

当转换梁承托上部普通框架时，相应的转换被称为框架转换。当转换构件承托的上部楼层竖向构件为框架柱时，在框架转换中，转换虽然也改变了上部框架柱对竖向荷载的传力路径，但转换层上部和下部的框架刚度变化不明显，属于一般托换，对结构的抗震能力影响不大；转换构件受力特点变化不大，比如转换梁仍以弯剪为主，其抗震措施可比框支转换适当降低。

托柱形式转换梁在常用截面尺寸范围内，转换梁的受力基本和普通梁相同，可按普通梁截面设计方法进行配筋计算；当转换梁承托上部斜杆框架时，转换梁将承受轴向拉力，此时应按偏心受拉构件进行截面设计。框支柱承受的地震剪力调整，可以采用有限元程序进行补充计算。

7）托墙形式转换梁设计

① 当转换梁承托上部墙体满跨不开洞时，转换梁与上部墙体共同工作，其受力特征与破坏形态表现为深梁，此时转换梁截面设计方法宜采用深梁截面设计方法或应力截面设计方法，且计算的纵向钢筋应沿全梁高适当分布配置。由于此时转换梁跨中较大范围内的内力比较大，故底部纵向钢筋不宜截断和弯起，应全部伸入支座。

② 当转换梁承托上部墙体满跨且开较多门窗洞或不满跨但剪力墙的长度较大时，转换梁截面设计方法也宜采用深梁截面设计方法或应力截面设计方法，纵向钢筋的布置则沿梁下部适当分布配置，且底部纵向钢筋不宜截断和弯起，应全部伸入支座。

③ 当转换梁承托上部墙体为小墙肢时，转换梁基本上可按普通梁的截面设计方法进行配筋计算，纵向钢筋可按普通梁集中布置在转换梁的底部。

转换梁的结构形式有很多种，目前高层建筑转换层结构的实际工程应用也很多。一般而言，高层建筑转换层结构的分析必须按施工模拟，使用各阶段及施工实际支撑情况分别进行计算，以反映结构内力和变形的真实情况。

8）转换层构造加强措施

① 集中力处构造

普通框架梁或主梁设计时，集中力作用处两侧均设置加密箍筋或吊筋，这是结构设计中的普通做法。而对于框支梁，集中力作用处按普通框架梁或主梁一样设置吊筋是非常难于处理的。由于框支梁上柱沿梁长方向尺度较大，而且柱的轴力相当大，如设置吊筋，则吊筋在梁底部水平段较长，已失去吊筋的作用，且由于吊筋的数量会相当多，容易与梁底筋形成很密的钢筋堆，不利于混凝土的浇注。所以在这种情况下，优先采用密箍是比较合理的。另外，提高混凝土强度也是有利措施。

② 转移梁安全储备

因为转移梁的受力较大，且受力情况较复杂，它不但是上下层荷载的传递构件，而且是保证转移梁抗震性能的关键部位，起到承上启下的作用，是一个复杂的受力构件，故设计时应设有足够多的安全储备。

③ 转移梁的锚固

在竖向荷载作用下，梁端剪力及弯矩较大，所以必须加强构造措施，伸入支座的钢筋在柱内应有可靠的锚固。

④ 转移梁不宜开洞，若必须开洞，则开洞时应做局部应力分析，要求开洞部位远离框支柱的柱边，开洞部位要加强配筋构造措施。

⑤ 转移层楼板加厚

由于结构上部的水平剪力要通过转换层传到下部结构，转换层楼面在其平面内受力较大，楼板会产生变形，因此要适当加厚转换层楼板。通常采用厚度不小于 180mm 的现浇楼板，这样有利于转换层在其平面内进行剪力重分配，并加强转移梁的侧向刚度和抗扭能力，也可使实际情况更符合结构整体计算中楼层平面内刚度无限大的基本假定。

⑥ 转移层混凝土强度等级

转移层混凝土强度等级宜不小于 C30。

⑦ 转移层楼板配筋

转移层楼板应采用双层双向配筋，且各层各向均应满足配筋率≥0.25%。

⑧ 转移层楼板开洞

转换层楼板要尽量保证连续，不宜有大的开洞或连续开洞，以形成可传递水平力的良好条件。当无法避免开洞时，应在洞口四周设置次梁或暗梁，楼板开洞位置尽可能远离转移梁外侧边。

电梯筒的位置因楼板开洞导致比较薄弱，所以在设计时采取加大电梯筒周边板厚且计算时按弹性板考虑的措施。

(6) 尽量避免错层结构

错层结构为抗震不利结构体系，在地震高烈度设防区的高层建筑设计中应尽量避免设计错层结构。对错层结构应当强调概念设计，在建筑方案的源头上加强建筑方案的优化，研究是否有可能将建筑方案中的建筑错层化解为结构不错层的结构方案，或将整层大面积错层化解为局部小范围的结构错层。总体思路就是在高层建筑设计中能不做错层结构就不做错层结构，能减少错层结构的范围就减少错层结构范围，尽可能实现不错层或少错层。

在错层结构中的抗震措施非常重要，对于因局部取消梁板而形成的联层柱，要控制其高度，加强结构构造措施。不宜采用似分不分、似连不连的结构方案，如果不能设缝断开，则需结构采取构造加强措施。

(7) 优化为合理受力体系

从结构设计中对结构受力和变形分析可看出：

1）均匀受力结构比集中受力结构好；

2）多跨连续结构比单跨简支结构好；

3）空间作用结构比平面作用结构好；

4）刚性连接比铰接连接好；

5）超静定受力体系比静定受力体系好；

6）明确受力状态比不明确的受力状态好；

　　7）结构对称、刚度对称比结构不对称、刚度不对称好；

　　8）变形连续和协调比变形突变好。

　　在结构设计中既要分析各部分的直接受力状态，也要分析整体结构的宏观受力状态。从抗力材料来看，要尽量选用以轴向应力为主的受力材料，尽可能增加构件和结构截面惯性矩和抗弯刚度、抗剪切能力和抗剪刚度，并合理地选用材料和构件截面。

　　从结构构件自身看，混凝土结构构件要避免剪切破坏先于弯曲破坏、混凝土压溃先于钢筋屈服、钢筋与混凝土的粘结破坏先于构件的自身破坏，避免造成脆性失效。

（8）控制层高

　　在满足建筑立面和使用净高的前提下，减少层高不仅可以减少结构竖向构件的长度和体积，同时可以减少基础的土建成本，减少设备投入和运营期成本。

（9）控制高宽比

　　建筑高宽比越大，主体结构抗倾覆力矩也越大，结构安全所需抗侧力构件就会越多，因此会增加结构成本。控制高宽比是结构优化中的重要环节。

　　钢筋混凝土高层建筑结构适用的最大高宽比见表 5.3.4。

（10）抗震设计中"隔震、减震"的利用

　　在抗震设计中，隔震、减震结构设计是利用隔震消能。其一般作法是在基础与主体之间设柔性隔震层。还可以在结构中设置消能支撑，起到阻尼器的作用。另外，还可以在建筑物顶部装一个"反摆"，地震时它的位移方向与建筑物顶部的位移相反，从而对建筑物的振动加大阻尼作用，降低地震加速度，减少建筑物的位移，以此降低地震作用效应。隔震、减震的合理设计可降低地震作用效应高的可达 60％，并提高建筑物的安全性能。这一研究在国内外正广泛地深入展开。在日本，隔震、减震研究成果已经广泛应用于实际工程中，取得了良好的经济效果和适用性效果。而我国，由于经济、技术水平和人们认识的限制，隔震、减震设计在工程界尚未得到广泛的应用。

（11）高层建筑设计中的延性设计

　　在建筑抗震概念设计中，结构延性设计也是高层结构设计中的一个重要内容。结构延性设计使得建筑物在中等地震作用下，允许部分结构构件屈服进入弹塑性，在大震作用下，结构不至于倒塌。结构的整体性与延性主要依靠结构设计中构造措施的控制和保证。延性是指构件和结构屈服后，具有承载能力不降低或者基本不降低且具有足够塑性变形能力的一种性能。一般用延性比表示延性，即塑性变形能力的大小。

　　塑性变形可以耗散地震能量，大部分抗震结构在中震作用下有部分构件进入塑性状态而耗散地震能量，耗能性能也是延性好坏的一个指标。在延性设计中应该做到"强柱弱梁"、"强剪弱弯"、"强节点"、"强锚固"的要求，也可通过提高各个构件的延性来提高整体结构的延性。

　　在框架剪力墙和剪力墙结构中，各段剪力墙高宽比不宜小于 2，使其在地震作用下呈弯剪破坏，且塑性屈服，并具有足够的变形能力，使剪力墙的墙段在发挥抗震作用前不失效。按照强墙弱梁的原则加强墙肢的承载力，避免墙肢的剪切破坏，提高其抗震能力。提高延性设计主要采取的措施有提高梁的延性设计和提高柱的延性设计两种方式。

　　提高梁的延性设计可采取的方法有：

1）选取合适的梁截面，梁上配置受压钢筋；

2）提高现浇钢筋混凝土结构中混凝土的强度等级，不采用过高强度钢筋，加密梁的箍筋。

提高柱的延性设计的方法：

1）严格控制柱子的轴压比；

2）尽量选取剪跨比较大的长柱，设计中应尽量避免采用短柱及超短柱；

3）加密柱箍筋，采用复合箍筋；

4）提高柱子混凝土强度等级，柱子采用双向纵向配筋，不采用过高强度钢筋。

应采取有效措施使建筑物具有合理的刚度和承载力分布以及与之匹配的延性。提高结构的抗侧移刚度，往往是以提高工程造价及降低结构延性指标为代价的。要使建筑物在遭受强烈地震时，具有很强的抗倒塌能力，较为理想的是使结构中的所有构件及构件中的所有杆件都具有较高的延性，然而，这样的设计在实际工程中很难做到。有选择地提高结构中的重要构件以及关键杆件的延性是比较经济有效的办法。例如，对于上刚下柔的框支剪力墙结构，应重点提高转换层以下的各层构件的延性；对于框架和框架筒体，应优先提高柱的延性。在结构设计中另一种提高结构延性的办法是，在结构承载力无明显降低的前提下，控制构件的破坏形态，减小受压构件的轴压比，同时还应注意适当降低剪压比，以此提高柱子的延性。

延性设计在结构方案中的控制原则是应保证结构的刚度、强度，舒适度、延性均满足规范要求。小震作用下，主、次结构均要求处于弹性阶段，满足小震不坏的目标；中震作用下，主体结构基本处于弹性状态，无损坏或损坏程度较小，次结构有一定程度损伤，但损伤程度为可修复，修复时不会对主体结构的稳定性和安全性造成很大影响；大震作用下，地震能量主要依靠次要构件耗散，少数抗侧力构件出现塑性铰，整体结构内力重分布，结构整体仍具有一定的抗侧刚度，可继续工作，也就是大震不倒。

（12）应选择经济合理的楼盖体系

高层建筑中由于层数多，楼盖结构总质量大，楼盖结构占整体造价比重较高，因此，楼盖的类型、楼盖构件的尺寸、数量等对于整体造价影响较大，需进行不同楼盖类型的选型对比分析，选择较为经济楼盖方案。一般在住宅建筑中宜采用现浇梁板楼盖，而预应力楼盖的预应力钢筋在住宅建筑中容易被二次装修破坏，应谨慎选用。办公楼、商业等大空间结构，采用十字交叉梁、井字梁、预应力梁板楼盖方案较适宜。双向板比单向板经济，应尽量选用双向板楼盖体系。板的厚度，双向板宜控制在短跨的 1/40～1/35，单向板宜控制在短跨的 1/30，可见选择双向板可减少楼板厚度，对高层结构来说，或可以减少结构总重量，进而对优化基础设计也有帮助。

（13）优化剪力墙设置

在高层建筑剪力墙结构的底部，如果布置了商业功能，层高会较高，在结构设计中为满足规范对剪力墙底部最小厚度的要求，剪力墙厚度会布置得较厚。这时，可以通过验算超限墙体的稳定来减小墙厚。减小了墙厚，就可以控制墙的最小配筋率，减少钢筋用量，从而控制造价。

剪力墙的长度和数量主要以位移指标来控制，根据规范，纯剪力墙结构的层间位移比限值为 1/1000。为充分发挥剪力墙的最大作用，设计时可以以 1/1050～1/1200 作为层间位移比的目标限值，在实际结构设计中不要控制过严的层间位移比，如控制层间位移比到超过 1/1200。在满足规范要求、保证结构安全的前提下，发挥剪力墙的最大作用，减少或减短不必要的剪力墙布置，控制层间位移比，减少了剪力墙后，既节约了混凝土用量，又节约了钢筋用量，从而实现结构设计的优化。

剪力墙结构体系中，应研究和细化剪力墙的布置，往往剪力墙结构体系的优化空间较大。剪力墙结构的剪力墙的布置宜采取规则、均匀、对称的原则，以控制剪力墙结构的扭转变形。在满足规范要求和满足计算要求的前提下，应采取以下原则：

1）尽量减少剪力墙的数量，限制墙肢长度，控制连梁刚度；

2）应遵循剪力墙能落地就全部落地的原则，尽量不设框支转换层；

3）平面能布置成大开间的尽量布置成大开间，避免小开间剪力墙结构；

4）剪力墙墙体的厚度满足规范构造要求和轴压比要求即可，不做人为的放大；

5）剪力墙连梁刚度太大时，可通过设双梁方式、增大跨高比等措施降低连梁刚度；

6）尽可能少采用短肢剪力墙结构；

7）限制并尽量少使用"一"字墙构造；

8）抗震设计的框架结构中，当仅布置少量钢筋混凝土剪力墙时，结构分析计算应考虑该剪力墙与框架的协同工作。

对于剪力墙筒体结构来说，利用楼梯、电梯井道等竖向交通井道而形成的剪力墙筒体，其外围墙体对结构刚度的贡献最大，而内部墙体对整体刚度贡献并不大。在满足结构整体刚度的前提下，筒体内部的剪力墙不宜设置过多、过厚、过于零碎，否则会增加墙体混凝土用量和墙体钢筋用量，而且对结构并无益处。同时，从方便施工来说，剪力墙形成的筒体越是规矩、完整，施工就越便捷。从受力角度来说，当设梁支承于筒体外围墙上时，可增大外围墙的轴力，因而避免筒体外围墙的受拉，对结构是有利的，尤其是内筒的角部较为明显。

（14）优化短肢剪力墙设计

一般剪力墙是指墙肢截面高度与厚度之比大于 8 的剪力墙，短肢剪力墙是指墙肢截面高度与厚度之比为 5～8 的剪力墙。对于 L 形、T 形、十字形等形状的截面，只有当每个方向的墙肢截面高度与厚度之比均为 5～8 时，才能视为短肢剪力墙。

高层建筑结构不应采用全部为短肢剪力墙的剪力墙结构。有可能的情况下，尽量采用普通剪力墙结构。当结构中短肢剪力墙较多时，应利用建筑楼梯、电梯、管井等竖向构件布置筒体或一般剪力墙，形成短肢剪力墙与筒体或一般剪力墙共同抵抗水平力的剪力墙结构。

短肢剪力墙设计中应符合下列规定：

1）短肢剪力墙结构最大适用高度应比剪力墙结构的规定值有所降低，且 7 度、8 度（0.2g）、8 度（0.3g）抗震设计时，分别不应大于 100m、80m 和 60m；

2）抗震设计时，筒体和一般剪力墙承受的底部地震倾覆力矩不宜小于结构总底部地震倾覆力矩的 50%；

3）抗震设计时，短肢剪力墙的抗震等级应比规定的剪力墙的抗震等级提高一级采用；

4）抗震设计时，各层短肢剪力墙在重力荷载代表值作用下产生的轴力设计值的轴压比，抗震等级为一、二、三级时分别不宜大于 0.45、0.50 和 0.55；对于无翼缘或端柱的一字形短肢剪力墙，其轴压比限值相应降低 0.1；

5）抗震设计时，除底部加强部位应按规程调整剪力设计值外，其他各层短肢剪力墙的剪力设计值，一、二、三级抗震等级时剪力墙设计值应分别乘以增大系数 1.4、1.2 和 1.1；

6）抗震设计时，短肢剪力墙截面的全部纵向钢筋的配筋率，底部加强部位一、二级不宜小于 1.2%，三、四级不宜小于 1.0%；其他部位一、二级不宜小于 1.0%，三、四级不宜小于 0.8%；

7）短肢剪力墙截面厚度不应小于 200mm；

8）不宜采用一字形短肢剪力墙，短肢剪力墙宜设置翼缘。不宜在一字形短肢剪力墙平面外布置与之单侧相交的楼面梁。

（15）超长结构处理

对于超长结构的建筑建议结合立面和功能要求设置永久伸缩缝，将地上建筑分为若干个结构单体。从结构角度可在伸缩缝处配合采用双柱、双面悬挑、单柱-单面悬挑的方式处理变形缝处的结构布置。其他超长结构措施请参见第 3 章内容。

（16）材料优化设计

材料自重对结构受力影响较大，应尽量选用轻型材料。如填充墙、隔墙采用轻质材料，可显著减轻结构自重，从而降低结构成本。

混凝土价格相对便宜，可适当提高混凝土强度等级以减少钢筋用量，但混凝土强度等级越高越容易开裂，所以也不能使用过高的混凝土强度等级。尽可能少地选用混凝土种类会对施工带来很大的方便和节省。

（17）减轻自重的原则荷载优化设计

结构所承受的荷载主要有两类：竖向荷载和横向荷载。竖向荷载中绝大多数都是建筑物的自重引起的，水平荷载中的地震荷载与建筑物的自重也直接相关，所以以减轻建筑物的自重是结构优化设计中一条重要的原则。减轻建筑物的自重对基础设计的优化也起着非常大的作用。

1）材料选取

对于高层建筑，隔墙材料的选用对结构整体计算的影响较大。应在建筑方案阶段加以关注，选用较轻的隔墙材料及面层材料。非承重墙可选用轻质、隔声、隔热且价格较经济的新型建筑材料，如加气混凝土砌块、混凝土空心砌块、水泥玻璃纤维板、石膏条板、膨胀珍珠岩空心条板、轻钢龙骨隔墙板等。

2）正确的荷载输入

荷载输入值的计算是否准确，关系到整个工程的计算结果是否正常。荷载的计算应尽量精确，做到不漏算、不重算、不多算、不错算。

3）优化荷载计入方式

填充墙上门窗开洞面积较大时，应扣除洞口部分的重量。地面、楼面、屋面、填充墙、隔墙、构筑物、建筑线条等恒载取值应按建筑做法和大样详细计算。如果对荷载的每一项都按最大值计算，整体结构总的荷载量会增加许多，因此，应按实际情况输入，不做无根据的统一放大。

4）荷载折减

对于荷载规范所列可折减的项目，应严格按表 5.4.1 所列系数折减。

　　　　　　　　　　　　　　　　表 5.4.1

墙、柱、基础计算截面以上的层数	1	2～3	4～5	6～8	9～20	＞20
计算截面以上各楼层活荷载总和的折减系数	1.00 (0.90)	0.85	0.70	0.65	0.60	0.55

注：当楼面梁的从属面积超过 25m² 时，应采用括号内的系数。

　　尤其是消防车活载，应严格按规范所列系数折减。设计墙、柱时，消防车活荷载可按实际情况考虑；设计基础时可不考虑消防车荷载。常用板跨的消防车活荷载按覆土厚度的折减系数可按荷载规范附录 B 规定采用。

　　可以通过检查计算结果总信息中单位面积质量判断出荷载输入是否正常。一般设计较合理的住宅、办公楼结构，单位面积的荷载标准值为：框架结构 11～13kN/m²，框架-剪力墙结构 13～16kN/m²，剪力墙结构 14～18kN/m²。

（18）核心筒优化设计

　　在高层建筑的设计中，电梯、楼梯等竖向交通盒通常会结合用来布置结构核心筒。结构工程师应参与建筑师共同研究核心筒的位置，尽量将核心筒布置在对称和居中的位置。使核心筒位置既满足建筑功能，又不会因为核心筒的偏置带来结构计算的困难，从而导致为了调整计算偏心而需要加大核心筒截面，甚至需要额外增加竖向构件来调整计算偏心。同时，在结构体系满足规范位移要求时，优化核心筒设计，尽量减少混凝土墙体设置的数量和墙体厚度，从而减小钢筋和混凝土的用量。

（19）选用合理的柱截面

　　结构设计中很重要的一个部分是根据建筑柱网和功能以及结构轴压比等计算要求，合理地确定墙柱截面。结构设计中墙柱一般是压弯构件，其配筋在多数情况下，且至少是在多数部位均应是采用构造配筋。因此，在其混凝土强度等级合理取值且满足轴压比要求的前提下，墙柱截面不宜过大，否则用钢量将随其截面增大而增加。

　　柱截面种类不宜过多也是结构设计需要考虑的设计原则。在柱网不均匀的建筑中，若由于局部柱网较大，使得部分柱由于内力较大而需加大截面时，如果仅考虑建筑便于装修而将所有柱截面放大采用统一较大柱截面时，就会带来用钢量的增加。这时，合理经济的做法是对局部需要加大截面的柱子配筋采用增加芯柱的办法，加大配箍率、加大主筋配筋率，或采取设置劲性钢筋的方式提高其轴压比，从而达到控制其截面尺寸的目的。采用局部处理柱子配筋的方式，而不是采用普遍增大柱截面的方式，从而达到减少混凝土及钢筋用量、降低造价的目的。同时，普遍较小的柱子截面也对建筑使用率的提高以及方便功能布置起到了良性的作用，不仅仅是优化了结构设计，还是一个整个项目层面的优化。

（20）设计参数优化

　　采用正确的计算模型和设计参数，直接影响结构设计的工程造价和成本，因此，严格审查计算模型和设计参数，一方面可以确保设计成果的正确性及有效性，首先能保证结构安全，另一方面应调整和控制设计参数，使得整体计算结果具有经济性和必要性，不至于偏于过于安全，造成不必要的浪费和工程造价增加。在初步设计阶段需清楚每个设计参数的内涵，正确合理地选用。

　　当设计参数取值合理时，较为合理的结构设计基本上应具有以下特点：

　　1）柱、剪力墙的轴力设计值绝大部分应为压力，且柱、剪力墙大部分构件应为构造配筋；

2）底层柱、剪力墙轴压比大部分应比规范限值小 0.15 以内；

3）剪力墙应符合截面抗剪要求；

4）梁应基本上无截面抗剪、抗扭不满足要求的情况，同时，既不超筋，也不发生配筋率大部分小于 0.6％的情况。

应在设计参数优化中着重考虑以下几个方面：

1）活荷载折减

竖向构件考虑活荷载折减。

2）偶然偏心

计算位移角时可不考虑偶然偏心。

3）双向地震力

偶然偏心和双向地震力不同时考虑。

对于较规则的结构，扭转效应较小，可只计算单向地震力作用并考虑偶然偏心影响，不需要考虑双向地震影响，若考虑双向地震影响会使结构用钢量增加。但如果结构的质量和刚度分布明显不对称、扭转较严重时，应计入双向水平地震作用下的扭转影响。在考虑偶然偏心影响的地震作用下，楼层竖向构件的最大水平位移和层间位移，A 级高度高层建筑不宜大于该楼层平均值的 1.2 倍，不应大于该楼层平均值的 1.5 倍；混合结构高层建筑及复杂高层建筑不宜大于该楼层平均值的 1.2 倍，不应大于该楼层平均值的 1.4 倍。当超过以上限值时，可认为结构扭转比较明显，需要考虑双向地震作用。多层结构可参考高层结构取值。

当结构扭转位移比超限时，可通过以下措施对结构进行调整：

① 调整平面布置，使质量中心与刚度中心尽量接近；

② 加强结构最外边一圈构件的刚度，提高结构抗扭能力；

③ 加大剪力墙、柱、梁截面，改变层间刚度与楼层刚度比；

④ 改变剪力墙、柱的布置方向，使 X、Y 方向的刚度尽量接近，当位移比小于 1.2 时，则可不考虑双向地震作用。

4）柱单偏压和双偏压

对于普通框架结构柱按单偏压计算，采用双偏压计算校核，只对于异型柱按双偏压计算。按双偏压计算时柱钢筋用量增加较为明显。

5）刚域

梁柱重叠部分考虑刚域影响，可降低梁的配筋，不考虑刚域影响时梁负筋应参考柱边弯矩配筋。

6）梁设计弯矩放大系数及配筋放大系数

建议梁设计弯矩放大系数及配筋放大系数取 1.0，没有必要对弯矩放大系数及配筋放大系数进行整体放大。可在施工图设计阶段针对薄弱的构件，如悬挑梁、吊挂构件等，进行适当的配筋放大，提高局部薄弱构件以及超静定次数少的构件的安全储备。

7）梁刚度放大系数

建议梁刚度放大系数中梁取 2.0～2.2、边梁取 1.3～1.5。梁刚度放大系数主要反映现浇楼板作为梁的有效翼缘对楼面梁刚度的贡献。由于刚度大小直接影响内力分配，考虑不当会使构件配筋不准确，不利于结构安全或不利于结构优化。

8）周期折减系数

周期折减系数直接影响到结构竖向构件的配筋，如果盲目折减，则会造成结构刚度增大，相应的地震力也增大，产生的后果是墙柱配筋增大。周期折减系数应根据填充墙实际分布情况进行选择，对于填充墙较多的框架结构，周期折减系数可取 0.75～0.85，对于填充墙较少的纯剪力墙结构，周期折减系数可取 0.85～0.95，甚至可以不折减。

9）连续梁调幅

对连续梁进行调幅可节约部分梁钢筋。

10）连梁判断

当剪力墙连梁跨高比大于 5 时，其受力特性已变成受弯为主的框架梁，应按框架梁输入，而不是按连梁输入。当梁一端与剪力墙平面外相接时，应按框架梁输入而不是按连梁输入。

11）$\Delta u/h$ 取值

楼层层间最大位移与层高之比 $\Delta u/h$ 比规范限值略小即可，且两个主轴方向位移角计算结果越接近越好。如框架结构位移角限值为 1/550，实际结构 X、Y 方向最大层间位移角控制为 1/（560～580）时较经济。结构体系刚度越大，则地震反应越大，计算所需钢筋量就会越高，延性也会越差。另外，各个楼层之间的弹性位移角最好均匀变化，不要产生突变，这也对优化结构设计有帮助。

12）底层柱底弯矩放大系数

对于框架-抗震墙结构，由于其主要抗侧力构件为剪力墙，框架部分的底层柱底，可不按框架结构那样乘以弯矩放大系数。一、二、三、四级框架结构的底层柱下端弯矩放大系数分别是 1.7、1.5、1.3、1.2，这个弯矩放大系数对底层柱配筋计算结果影响较大，尤其是对于抗震等级较高的框架-抗震墙结构的一、二级框架柱的下端配筋影响很大。

13）各项指标

检查整体计算的总信息、位移、周期、地震力与振型输出文件，查看各个指标是否控制在合理范围内：如轴压比、剪重比、刚度比、位移比、周期、刚重比、层间受剪承载力比、有效质量比、超筋信息等。如均在合理范围内，说明结构设计较合理，否则应继续优化。

（21）优化结构构造

合理的结构构造一定是和建筑构造要求相一致的，同时，也是在实际工程中便于施工的。应注意采用以下结构构造方式。

1）楼电梯间不宜布置在房屋端部或转角处。楼电梯间设在端部对抗扭不利，设在转角处还会产生应力集中的问题。

2）框架结构层刚度较弱时，加大柱尺寸或加大梁高都可显著增大层刚度，而提高混凝土强度等级则效果不明显。

3）柱的截面尺寸，多层宜 2～3 层调整缩小一次，高层宜结合混凝土强度的调整每5～8 层调整缩小一次。从节省用钢量的角度出发，墙柱截面应尽量小，只要符合 50mm 模数，几乎可以每层都收级减小，但从结构整体特别是从施工角度考虑，一幢高层建筑的墙柱截面变化过于频繁、截面种类过多会造成使用和施工的不便，这种只顾局部不顾全局的结构优化设计做法也是不可取的。

4）对于多层框架结构，当位移指标超标时，可采取布置少量剪力墙的做法使整体结构的位移指标满足要求。这时的结构仍按框架结构确定抗震等级，不需要按框架-剪力墙结构确定剪力墙的抗震等级，剪力墙设计时抗震等级可按三级采用且不设底部加强区。这时如果将剪力墙的抗震等级设置过高以及按底部加强区配筋，会带来不必要的浪费。在这同时，框架部分还需做到满足不计入剪力墙时框架的承载力要求。

5）高层剪力墙结构的窗下墙尽量采用填充墙而不是采用混凝土墙体，这样可减小剪力墙结构的整体刚度，减小地震作用，延长结构周期，从而减少结构的混凝土用量及钢筋用量。

6）剪力墙结构当仅有少量墙肢不落地时，且其负荷面积占楼层面积范围小于10％时，可按仅个别构件转换考虑，不必把整层结构都作为转换层结构计算及考虑构造。

7）建筑隔墙下可不设梁，在楼板中采取配筋加强措施即可。对于住宅建筑中的厨房、卫生间等有隔墙处，因为楼板本身足以承载那些填充墙，不需要在隔墙下单独设梁。这样梁的数量减少了，一方面成本降低，另一方面建筑空间功能和灵活性也更好了。

8）宽扁梁自重大、配筋效率较低，尽量选用正常梁截面，避免采用宽扁梁。选取合适的梁高，尽量控制梁配筋率在 0.8％～1.8％之间。

9）尽量避免梁宽≥350mm，因为梁宽≥350mm 的梁箍筋起码需采用 4 肢箍，带来箍筋用量的增加。

(22) 构件配筋设计优化

对于构件的配筋设计优化主要体现在施工图设计阶段，在结构设计中通过对构件的精细化配筋设计降低钢筋用量。这时，一方面要合理选择钢筋级别，另一方面要合理控制钢筋用量。基础底板、柱、墙、梁、板、楼梯、水池等构件的配筋设计在满足计算要求以及规范最小要求的前提下，避免不必要的拉通通长配筋，在结构设计中应按计算配筋，该断钢筋的地方断钢筋，该从大直径钢筋换小直径钢筋的地方换小直径钢筋，该使用构造钢筋的地方使用构造钢筋，不能以画图方便为原则，做过多的配筋归并，而是应该在结构设计中以合理节约为原则。

由于混凝土结构的裂缝宽度与钢筋应力有关，与钢筋强度级别的关系并不大，当采用较高强度的钢筋时，在抗裂作用中钢筋并不能充分发挥作用，这时可采用较低强度钢筋作为抗裂钢筋。

在构件配筋优化设计中应注意以下内容：

1）有针对性的配筋

程序中自动生成的配筋往往不尽合理，不能直接使用，对于程序中的配筋要加以判断后才可使用，不能盲目地机械性使用程序的配筋输出结果。同时，对于程序配筋输出结果中的不合理情况要加以分析，找出原因，必要时进行多程序验证后方可使用。在计算中要有针对性地采用人工配筋，钢筋归并系数要取得小一些。结构设计中钢筋归并时，用较大配筋包络较小配筋，归并系数过大会造成比较多的浪费。

2）合理确定结构竖向分段

应仔细研究计算结果，结构竖向应按计算结果划分归并区段，使得同一归并区段内的配筋结果相差不大再进行归并，按照归并结果的划分进行结构竖向分段出图。

为了实现结构优化设计，多层建筑宜层层出图，不进行结构竖向归并；高层建筑宜每3~4层作为一个结构竖向归并区段出图，不宜做过多归并。

3）采用高强钢筋

结构设计配筋中的受力钢筋尽量选用高强钢筋（吊钩只能采用一级钢）。

4）抗裂钢筋的选用原则

在结构设计中用于抗裂要求的钢筋均应采用较细钢筋较密布置的原则。

5）优化板配筋

① 楼板受力钢筋采用高强钢筋。在没有特殊需要的情况下，楼板配筋一般采用分离式配筋，板跨较小且上筋相同时允许拉通。楼板上筋中拉通筋满足计算和构造要求即可，不用人为放大，其余配筋可采用支座处附加短钢筋的方式。楼板分布筋和温度钢筋可采用非高强钢筋。

② 对于楼板端跨以及跨度较大的楼板，上筋需拉通时可采用支座 1/4 板跨按计算配筋配置，跨中用较小直径钢筋与支座钢筋受拉搭接的方法连接，以节省钢筋。

6）优化梁配筋

① 梁的上部纵筋不做人为的放大，下部纵筋可根据使用功能的情况略做放大，放大幅度控制在 5%~10% 以内。

② 有可能的情况下，梁纵筋优先选用较小直径的钢筋，有利于裂缝控制，还可减小钢筋锚固长度，从而降低钢筋用量。

③ 在次梁配筋以及抗震等级为四级的框架梁中，上部纵筋架立筋可不贯通配置，上部纵筋可在跨中部分采用较小直径钢筋搭接的方式减少用钢量。

④ 在计算梁的构造腰筋间距时，应扣除楼板厚度。

⑤ 在配置抗扭钢筋时，应将构造腰筋的量计入抗扭纵筋中。

⑥ 根据计算结果设置箍筋加密区和非加密区，按计算区别对待，不要统一规定加密区范围。

⑦ 根据计算结果，按照跨度及荷载大小分段配筋，不能不分跨度大小采用同一配筋。

7）优化剪力墙配筋

① 约束边缘构件和构造边缘构件中按抗震等级、剪力墙部位确定纵筋配筋率和配箍率时，主筋及箍筋间距不一定取 50 的倍数，也可取其他数值，如不一定只取@100mm、@150mm，也可根据计算结果@120mm、@140mm、@160mm 等数值。

② 在约束边缘构件和构造边缘构件中的纵筋也可按计算结果选用直径，必要时可选用不同钢筋直径搭配使用，不一定全部选用同样直径的钢筋，以达到最优的接近计算结果的配筋率。

③ 剪力墙结构中的约束边缘构件和构造边缘构件的箍筋、拉筋直径满足构造最低要求即可，无需放大。

④ 十字形剪力墙，交叉部位可不配置暗柱，按墙体构造要求配筋即可。

8）优化柱配筋

在框架结构和框架-剪力墙结构中采取有效措施，避免形成柱净高与柱截面高度之比不大于 4 的短柱，规避短柱及柱子箍筋需按抗震规范全高加密的构造要求。

（23）混凝土强度等级的合理使用

混凝土强度等级每增加一级，混凝土单价提高约 4%～6%。混凝土强度等级对柱及剪力墙轴压比的影响比较明显，应优先选用较高强度等级的混凝土；混凝土强度等级的高低对梁的承载力影响并不大，应选用相对较低强度等级的混凝土；对板来说，虽然混凝土强度等级提高对承载力有提高，但混凝土强度等级提高后最小配筋率相应增大，楼板开裂的概率也会增大，所以也应选用较低强度等级的混凝土。设计时应将墙、柱、梁、板混凝土强度等级区别对待，以达到整体结构承载能力最大化的目的。

（24）有的放矢的配筋理念

构件配筋需根据计算结果合理配置，对重要部位如大悬挑、重荷载部位可以放大配置，次要构件可以严格按照计算结果配置，在设计中做到有的放矢，区别对待。

参 考 文 献

[1] GB 50009—2012 建筑结构荷载规范 [S]. 北京：中国建筑工业出版社，2012

[2] GB 50010—2010（2015 年版） 混凝土结构设计规范 [S]. 北京：中国建筑工业出版社，2015

[3] GB 50011—2010（2016 年版） 建筑抗震设计规范 [S]. 北京：中国建筑工业出版社，2016

[4] GB 50007—2011 建筑地基基础设计规范 [S]. 北京：中国建筑工业出版社，2011

[5] JGJ 3—2010 高层建筑混凝土结构技术规程 [S]. 北京：中国建筑工业出版社，2010

[6] GB 50003—2011 砌体结构设计规范 [S]. 北京：中国建筑工业出版社，2011

[7] JGJ 79—2012 建筑地基处理技术规范 [S]. 北京：中国建筑工业出版社，2012

[8] JGJ 94—2008 建筑桩基技术规范 [S]. 北京：中国建筑工业出版社，2008

[9] GB 50017—2003 钢结构设计规范 [S]. 北京：中国建筑工业出版社，2003

[10] JGJ 149—2017 混凝土异形柱结构技术规程 [S]. 北京：中国建筑工业出版社，2017

[11] GB 50330—2013 建筑边坡工程技术规范 [S]. 北京：中国建筑工业出版社，2013

[12] JGJ 102—2003 玻璃幕墙工程技术规范 [S]. 北京：中国建筑工业出版社，2003

[13] GB 50038—2005 人民防空地下室设计规范 [S]. 北京：中国建筑工业出版社，2005

[14] JGJ 100—2015 汽车库建筑设计规范 [S]. 北京：中国建筑工业出版社，2015

[15] 王铁梦. 工程结构裂缝控制"抗与放"的设计原则及其在"跳仓法"施工中的应用 [M]. 北京：中国建筑工业出版社，2007

[16] 住房和城乡建设部执业资格注册中心. 土木工程施工新技术 [M]. 北京：中国建筑工业出版社，2012

[17] 刘金波，李文平，刘民易，赵兵. 建筑地基基础设计禁忌及实例 [M]. 北京：中国建筑工业出版社，2013

[18] 中华人民共和国住房和城乡建设部. 山地建筑结构设计规程（征求意见稿）